다정한 여행의 배경

2017년 9월 15일 초판 1쇄 펴냄

지은이   이무늬
발행인   김산환
책임편집   윤소영
디자인   윤지영
마케팅   정용범
펴낸곳   꿈의지도
인쇄   다라니
종이   월드페이퍼

주소   경기도 파주시 광인사길 217, 3층
전화   070-7535-9416
팩스   031-955-1530
홈페이지   www.dreammap.co.kr
출판등록   2009년 10월 12일 제82호

ISBN 979-11-87496-49-6-13980

다정한 여행의 배경

다정한 여행의 배경

작품의 무대를 찾아가는 어떤 여행

이무늬 지음

꿈의지도

Contents

Contents

"하루키 신작 보고 출장 일정 짜셨나 봐요?"
"……엥? 하루키 신작 나왔어요?"

백과사전 회사에 입사하고 3년 정도 지났을 때, 일본 출장을 가게 되었습니다. 출장을 가기 전엔 먼저 어떤 표제어가 사전에 등재되어 있지 않은지 조사합니다. 표제어가 적은 도시들을 추려 계획을 세웠습니다. 나고야에서 출발해서 비와호 주변 소도시를 훑고, 하마마쓰란 도시에 들렀다가 도쿄 도서전을 보고 돌아오는 일정이 되었습니다. 출장에서 돌아와 도쿄 바나나를 팀원들에게 돌리는데 한 동료가 지나가는 말로 물었던 것입니다. 무라카미 하루키의 신작 '색채가 없는 다자키 쓰쿠루와 그가 순례를 떠난 해'를 읽고 다녀왔냐고.

"아주 난리던데요? 슬쩍 봤는데 출장 기안에 적으신 도시랑 소설에 등장하는 도시가 완전히 일치해서 읽고 다녀오신 줄 알았어요."

퇴근길에 곧장 광화문 교보문고에 가서 『색채가 없는 다자키 쓰쿠루와 그가 순례를 떠난 해』를 그 자리에 서서 읽기 시작했습니다. 출장으로 다녀온 지명들이 책에 고스란히 담겨 있었죠.

이 우연의 일치를 계기로 이제까지 막연하게 쓰고 싶었던 글을 찾았습니다. '책, 영화, 드라마 속 그곳, 그 맛, 그 말'이라는 홈페이지를 만들고, 여행기를 써서 올리기 시작했습니다. 처음엔 책의 배경이 되었거나, 영화나 드라마 촬영지면 무조건 소재가 되겠다 싶었는데, 작품이나 장소에서 큰 감동을 느끼지 못하면 글이 시시해졌습니다. 그래서 일단 마음에 남은 '작품 속 그곳만 써보자!'란 생각으로 하고 있습니다. 책, 영화, 드라마를 계속해서 봐야 하고 작품의 배경이 되는 장소에 가보고 싶은 마음이 들어야 하고, 여행을 계획해야 하고, 다녀와서 글과 사진을 정리하고 때때로 그림까지 그립니다. 요즘 같은 시대에 빠릿빠릿하게 할 수 있는 일은 못 됩니다. 게다가 저는 전업 여행작가도 아니고 매일 아침 정시에 출근을 해야 하는 직장인입니다.

그렇게 느릿느릿 써 내려간 약 5년간의 기록이 이 책에 묶였습니다. 원고를 마무리하고, 김영하 작가의 『옥수수와 나』란 단편을 읽었습니다. 이런 대목이 나와, 무릎을 탁 쳤습니다.

'작가라고 자기가 쓴 책의 내용을 전부 기억하는 것은 아니다. 독자 역시 잊어버리거나 엉뚱하게 기억한다.'

책으로 엮으며 원고를 다시 읽다보니 작품의 특정 장면을 과도하게 부각시켜 기억하거나, 잘못 기억하는 장면이 꽤 있었습니다. 작품을 만났을 때 저의 상황과 감정이 내용에 더해지고, 실제 배경에서 느낀 감흥까지 더해졌습니다. 여행의 시발점이 된 작품들은 실제 여행의 과정을 거쳐 굉장히 다른 얼굴이 되어버렸을지 모르겠습니다. 그런 점을 발견하신다면 너그러이 이해해주시면 고맙겠습니다.

이 책을 통해
읽고 싶은 작품을 만나신다면,
지난 날 느꼈던 작품의 감동이 다시 떠오르셨다면,
나만의 작품을 곁에 끼고 떠나실 마음이 드신다면,

정말 행복할 것 같습니다.
좋은 작품은 좋은 동행이 되니까요.

01

일본 | 에치고 유자와 | 다카한 료칸

국경의 긴 터널을 빠져나오니 설국이었다

가와바타 야스나리의 『설국』
눈의 고장에서 피어난 젊은 남녀의 사랑 이야기.
일본 최초로 노벨문학상을 받은 작품.
서정적이고 아름다운 문장이 담긴 소설

> **"**
>
> 국경의 긴 터널을 빠져나오자, 눈의 고장이었다.
> 밤의 밑바닥이 하얘졌다. 신호소에 기차가 멈춰 섰다.
>
> **"**

소설 『설국』의 첫 문장이다. 세상에서 가장 아름다운 도입 중 하나로 손꼽히는 소설 속 장면을 그려보았다. 그날 밤은 가와바타 야스나리가 이 아름다운 문장을 낳은 료칸에 묵기로 했다.

진눈깨비로 덮이기 시작한 일본 야마가타현 아쓰미 온천에서 출발했다. 먼저 니가타역으로 가서 기차를 갈아타고 에치고 유자와까지 가야 했다. 우중충했던 아쓰미 온천의 아침과 달리 니가타는 화창했다. 역에서 출발하여 얼마 지나지 않아 깜깜한 터널로 들어갔다. 옆자리에선 남편이 단잠을 자고 있었다. 대화할 사람도, 구경할 창밖 풍경도 없어져 버려 심심했다. 기나긴 터널이 끝나고 빛이 기차로 스며들자마자 나도 모르게 탄성을 토했다. 남편을 흔들어 깨웠다.

"말도 안 되는 풍경이야."

창밖엔 설원이 펼쳐져 있었다. 분명 터널로 들어가기 전에는 파란 하늘 아래 황톳빛 땅이 뻗어 있었다. 터널을 벗어나자마자 어둑어둑한 하늘 밑에 순백색이 깔렸다. 소설 『설국』의 시작이었다. 가와바타 야스나리는 우리와 정반대 편 도쿄에서 출발하여 에치코 유자와에 닿았다. 아름다운 시작을 만든 충격적인 풍경은 반대편에서 달려간 우리에게도 선사되었다.

『설국』은 작가 자신의 실제 경험을 바탕으로 쓰였다. 작품 안에 '유자와'라는 지명은 등장하지 않는다. 그러나 작가가 여행에서 만난 인연을 바탕으로 집필하였으며, 소설 속에 등장히는 회재 억시 실제로 있있던 일이라 밝혔다. 소설의 주인공 시마무라는 특별한 직업 없이 여행을 다니는 청년이다. 때때로 서양무용에 관한 글을 쓰기도 한다. 어느 날 산행을 마치고 내려간 온천 거리에서 게이샤 고마코를 만난다. 그 후 몇 년 동안 그녀를 만나기 위해 같은 마을을 찾아간다. 어느 해 마을로 향하던 기차에서 요코라는 여성을 마주치고, 그녀에게도 마음이 끌린다. 여느 작품과 달리 줄거리를 한 문장으로 정리하기 어렵다. 이야기의 흐름보다 한 문장 한 문장이 아름다운 소설이기 때문이다. 가와바타 야스나리는 이 작품을 계기로 1968년에 노벨문학상을 수상하였다.

시마무라가 머무는 료칸은 작품의 주요 배경이 된다. 작가는 실제로 에치고 유자와의 다카한 료칸에 머물며 설국을 집필했다. 증축을 한 다카한은 옛 모습이 남아 있지 않지만 위치는 그대로여서 소설의 묘사와 이질감이 없다. 예약이 어려울 줄 알았는데 의외로 전날 예약이 가능했다. 역에서 내리자마자 눈이 펑펑 내리는 길을 걷고 싶다는 남편을 만류하고 료칸에 전화를 걸어 데리러 와달라고 했다.

"

길은 얼어 있었다. 마을은 추위의 밑바닥으로 고요히 가라앉았다.
고마코는 옷자락을 걷어올려 오비[1]에
찔러 넣었다. 달은 마치 푸른 얼음 속 칼날처럼 투명하게 빛났다.
"역까지 가요."
"돌았군. 왕복 십 리 길이야."
"당신은 곧 도쿄로 가잖아요. 역을 보러 가는 거예요."

"

십 리는 4킬로미터가 채 되지 않는 거리. 에치고 유자와역에서 료칸까지는 실제로 2킬로미터 남짓. 눈이 많이 쌓여 있어서 30분은 걸어야 다다를

---

1) 기모노의 허리 부분에서 옷을 여며주고, 장식하는 띠

수 있다. 풍경이 아무리 아름다워도 그렇지, 트렁크를 질질 끌며 이 길을 걷자고 하니……. 무모한 남편의 모습이 고마코와 겹쳐졌다. 료칸에 짐을 맡기고 나서야 눈이 쏟아지는 온천마을을 걸어볼 마음이 들었다. 눈이 이렇게나 많이 왔는데 차가 다니는 길엔 눈이 쌓이지 않았다. 자세히 들여다보니 도로 위에 줄줄이 뚫린 작은 구멍에서 따뜻한 물이 흘러나오고 있었다. 거리엔 인적이 드물었다. 폭설로 스키장 운영이 어려운 것일까?

역 근처에서 우동 한 그릇을 먹고 나오니 눈발이 더욱 심해지고 있었다. 돌아가는 길엔 택시에 올랐다. 하루에도 같은 길을 몇 번이고 다닐 기사 아저씨에게 말을 붙였다.

"12월엔 항상 이렇게 눈이 많이 오나요?"

"음……. 매년 달라요. 어떤 해엔 정월이 되도록 눈을 전혀 볼 수 없을 때도 있고, 조금 이를 때도 있죠. 올해는 적설이 일찍 시작되었네요. 12월 초부터 이렇게 쌓이기 시작하니."

료칸 2층에는 가와바타 야스나리가 머문 방이 재현되어 있다. '가스미노마'라는 이름을 가진 방이다. 옆에는 자료관이 꾸며져 있다. 작가와 작품을 입체적으로 이해하기 좋은 공간이다. 눈길을 끄는 것은 당연 고마코의 실제 모델인 마쓰에(본명 : 고다카 키쿠)의 사진. 대단한 미인은 아니지만 확실히 관능미가 흘렀다.

Takahan

> 국경의 산을 북쪽으로 올라 긴 터널을 통과하자,
> 겨울 오후의 엷은 빛은 땅 밑 어둠 속으로 빨려 들어간 듯했다.
> 낡은 기차는 환한 껍질을 터널에 벗어던지고 나온 양,
> 중첩된 봉우리들 사이로 이미 땅거미가 지기 시작하는 산골짜기를
> 내려가고 있었다. 이쪽에는 아직 눈이 없었다.

다정한 여행의 배경

외관은 바뀌었어도 우리가 머문 객실 구조는 가스미노마와 크게 다르지 않았다. 방에서 가와바타 야스나리도 내려다봤을 겨울 풍경을 밤늦도록 구경했다.

다음날 아침까지도 방 안은 어두컴컴했다. 밖에는 여전히 눈이 펑펑 내리고 있었다. 따뜻한 물을 뿜어내는 장치도 소용이 없어보였다. 아무도 없는 대욕탕에서 혼자 온천욕을 했다. 밖을 내다보며 따뜻한 온천물에 몸을 담그자, 옛날 카세트처럼 느릿하게 설국의 풍경이 다시 오토리버스 되었다. 이토록 눈이 많이 내리는 고장에 와보지 않았더라면 소설 『설국』 속 풍광을 미처 다 상상하지 못 했으리라. 수려한 문장 사이사이에 감춰진 남녀의 세심한 감정을 미처 다 읽어내지 못 했으리라. 떠날 때가 되어서야 비로소 소설의 애틋함이 이해되기 시작했다.

설국에서 하루를 보내고 다시 기차에 올랐다. 긴 터널을 통과하여 눈의 고장을 빠져나오니 겨울햇살에 눈이 부셨다.

Info

온천과 스키장으로 유명한 에치고 유자와. 역에서 다카한 료칸까지는 걸어서 30분 정도 소요된다. 역에서 내려 료칸에 전화를 하면 역까지 송영버스가 온다.
:: http://www.takahan.co.jp/

02

언젠가 나도 책방 주인이 되고 싶다

우다 도모코의
『오키나와에서 헌책방을 열었습니다』
나하의 시장 안에 위치한 작은 헌책방 이야기.
작가가 헌책방을 운영하면서 겪는
소소한 일상에 관한 에세이

오키나와 본섬에서 가보고 싶은 곳은 오로지 하나였다. 일본에서 가장 작은 헌책방, 울랄라. 우다 도모코의 에세이 『오키나와에서 헌책방을 열었습니다』의 배경이다. 작가는 일본의 대형 체인서점인 준쿠도의 직원이었다. 8년 차에 오키나와로 발령이 났고, 10년 차에 회사를 그만두었다. 그리고 헌책방 울랄라를 열었다. 시장 안에 있는 울랄라의 크기는 1.5평 남짓.

나는 책에 둘러싸인 공간과 관련된 이야기를 참 좋아한다. 『비브리아 고서당의 사건수첩』을 보고 배경이 된 일본 가마쿠라의 서점을 찾아가 보기도 했고, 『모리사키 서점의 나날들』을 읽고는 세계 최대 고서점 거리인 도쿄의 진보초에도 다녀왔다. 『장서의 괴로움』을 읽고는 그렇게 책이 많지도 않으면서 책장정리를 하기도 하였다.

오키나와 여행을 다녀왔지만, 고래상어가 있다고 하는 츄라우미 수족관이나 코끼리코 모양을 한 만좌모, 붉은빛이 인상적인 슈리성 중 아무 곳도 가보지 못했다. 대신 우다 도모코의 이야기를 따라 반나절을 보냈다.

우다 도모코 작가가 쓴 두 권의 책은 모두 오키나와 나하 제1마키시 공설시장 맞은편에 있는 서점, 울랄라에 관한 이야기다. 울랄라를 열게 되기까지의 과정, 헌책방은 어떻게 운영되는지, 책방을 찾아온 인연 등 책방을 운영하는 작가의 소소한 일상이 담겨 있다. 특히『책방 주인이 되고 싶다』에는 헌책방에서 책을 사들이는 방법, 헌책에 가격을 매기는 법, 신간서점과 헌책방의 관계, 어떤 책이 비싸게 팔리는지 등 평소 궁금했던 이야기가 듬뿍 담겨 있다. 헌책과 헌책방, 그리고 그 책방을 꾸려가는 이야기가 무겁지 않게 이어지기 때문에 읽으면 읽을수록 마치 오래전부터 내 꿈이 책방주인이었던 것 같은 착각에 빠진다.

먼저 작가가 울랄라를 열기 전에 일한 준쿠도 서점을 찾아갔다. 오키나와 사람들은 고향에 대한 관심이 높다고 하더니, 과연 오키나와 책들만으로 구성된 책장의 규모가 대단했다. 북디자인이나 구성은 세련되지도 않고 조금 투박하기까지 하다. 그러나 몇 장만 넘겨보아도 오키나와에 대한 애정이 느껴진다.

한국에 아직 번역본이 없는『책방 주인이 되고 싶다』를 준쿠도에서 사기로 했다. 도쿄의 기노쿠니야 같은 대형서점에는 직접 검색을 할 수 있는 고객용 컴퓨터도 있고, 물어볼 점원도 많고, 책장 구성도 비교적 익숙하여 책을 쉽게 찾을 수 있다. 그러나 이곳에서는 도무지 찾을 수 없었다.

'여기서 일했던 사람의 책을 여기 점원한테 물어보는 게 좀 민망하지 않을까?' 쓸데없는 걱정을 하며 한 남자 점원에게 조심스럽게 물었다. 뿔테 안경을 쓰고 내내 심각한 표정을 짓고 있던 점원은 계속해서 심각한 얼굴을 한 채 따라오라 손짓했다. 우다 도모코의 책은 오키나와 책 코너에서 얼굴을 내밀었다.

> "
>
> 신조 이쿠오가 지은 『오키나와를 듣다』는 당연히 오키나와 책으로
> 분류할 수 있다. 후쿠 히로미의 『노래의 신화학』은 어떤가?
> 부제에 '만엽, 오모로, 류큐 노래'라 적혀 있다.
> 그렇다면 이 또한 오키나와 책이다. 요나미네 마사카쓰의
> 『신가정의 과학』은 특별히 오키나와의 가정만 다룬 책도 아닌데,
> 출간 후 문의가 빗발쳤다. 잘 살펴보았더니 저자가 오키나와 출신이었다.
>
> "

우다 도모코는 가나가와현 출신. 제목 『책방 주인이 되고 싶다』와 부제 '이 섬의 책을 판다'엔 '오키나와'란 단어가 등장하지 않는다. 내용이 오키나와에 있는 책방 이야기다. 그래도 이 책이 오키나와 책장에 꽂히는구나. 오키나와 특별 코너의 포용력은 대단하다.

심각한 얼굴을 한 점원을 몇 차례나 더 괴롭히며 책을 찾아 달라 부탁

했다. 여러 권을 한꺼번에 문의하고 싶었는데 책이름을 한두 개 대자마자 점원은 순식간에 없어져버렸다. 그리곤 곧바로 어디선가 내가 찾던 책들을 찾아서 나에게 직접 가져다주었다. 그는 참 이상했다. 다른 책들은 모두 자기 혼자 가서 책을 찾아다가 내가 서 있는 곳까지 가져다주면서, 우다 도모코의 책을 찾을 때는 왜 나를 데리고 책장 앞까지 갔던 걸까? 그가 나를 굳이 책장 앞까지 데리고 간 것은 우다 도모코의 책을 문의했을 때 뿐이었다. 물론 다른 책들이 멀리 있었기 때문일 수 있지만, 어쩌면 점원은 직접 나에게 오키나와 책장을 보여주고 싶었던 것이 아니었을까? 나는 '오키나와 책장은 이 서점에서 내세우고 싶은 특별한 코너구나'라고 마음대로 생각해버렸다. 우다 도모코의 책을 포함하여 몇 권의 책과 검은 고양이가 그려진 북커버를 사고 울랄라로 향했다.

우다 도모코 작가가 울랄라 헌책방의 문을 연 것은 우연이었다. 지금 그 자리에 원래 다른 이름의 책방이 있었다. 새로운 주인을 찾는다는 소식을 듣고 자신이 그 책방을 계속 이어가고 싶다고 생각한 게 시작이었다. 울랄라로 향하는 길은 흥미로웠다. 시장 길이 계속 이어졌기 때문에 구경거리가 많았다. 오키나와 특산 소주인 아와모리 가게, 열대과일 가게, 모자 가게, 군것질 거리, 상인들의 호객 소리 등이 거리에 넘쳐 흘렀다. 들뜬 분위기가 이어졌다. 울랄라가 가까워지니 조금 차분해지는 분위기. 책에도 자주 등장하는 쓰케모

노(야채 절임) 가게가 문을 닫았기 때문일까.

책방에 주인이 앉아 있다. 빼꼼 보이는 머리카락에 듬성듬성 흰머리가……. 어라? 내가 아는 우다 도모코 작가는 1980년생.

안쪽으로 들어가 책장에 꽂힌 책을 구경하였다. 남국의 향기가 물씬 풍기는 책이 많다. 책을 보면서도 앉아 있는 사람이 신경 쓰여 슬쩍슬쩍 곁눈질을 했다. 그는 원고 같은 것을 교정 보고 있었다. 『오키나와에서 헌책방을 열

었습니다』에도 실린 사진 속 얼굴과 닮은 것 같기도 했다. 실례가 되지 않을

단어를 찾아 고민하다 물었다.

　"혹시 우다 도모코 씨는요?"

　그제야 온전히 얼굴을 보인 아주머니가 입을 열었다.

　"아, 오늘 우다 씨는 세 시에 출근합니다."

　네 시 반 비행기로 돌아가야 하는 나는 실망감을 감추지 못했다.

　"항상 출근하시는 시간이 다른가요?"

　"상황에 따라 다릅니다."

아무리 뭉그적거려도 작가를 만나고 갈 순 없을 것 같아 포기하기로 했다. 나는 여행에서 날씨 운은 비교적 좋은 반면 가게 영업일 운(?)이 유독 좋지 못하다. 먼 길을 달려갔으나, 문을 열지 않아 헛걸음을 하는 일이 자주 생긴다. 이번 여행에서도 책방이 문을 열지 않았으면 어쩌나 내내 걱정했다. 아예 책방 문이 닫힌 것보다야 낫지만 어렵게 이곳까지 와서 만나고 싶던 작가를 만나지 못하고 돌아가야 하는 상황은 답답하고 안타까울 수밖에 없다. 나의 얼굴에서 아쉬움이 뚝뚝 떨어지는 것이 보였나보다. 앉아계시던 아주머니는 시계를 보며 "45분만 늦게 오셨어도……. 요즘엔 한국 분들이 가게에 오셔서 사진을 많이 찍으시더군요." 라며 말을 건넸다.

잘 보이는 곳에 『오키나와에서 헌책방을 열었습니다』의 원작과 한국어판이 나란히 놓여 있었다. 아쉬운 마음에 원작과 엽서 한 장을 샀다. 엽서엔 아기자기하게 그린 울랄라가 담겨 있다. 언젠가 나도 책방 주인이 되고 싶다.

Info

대형서점인 준쿠도 나하점은 미에바시역 가까이에 위치해 있다. 번화가인 국제 거리에서도 멀지 않다. 준쿠도에서 울랄라까지는 도보로 7분 거리에 있으나, 시장을 통과해 가기 때문에 길이 헷갈리기 쉽고, 구경거리도 많아 조금 더 소요된다.
:: http://urarabooks.ti-da.net/

03

고흐가 사랑한 아를의 별밤

빈센트 반 고흐가 쓴 『고흐의 편지』
화가 빈센트 반 고흐가 가족과 친구들에게
보낸 편지 백여 통이 남긴 책. 네덜란드에 있는
반 고흐 미술관장 로날트 데 레이우의 해설도 곁들어 있다.
인간 고흐를 만나볼 수 있는 작품

빈센트 반 고흐는 일본의 풍경과 빛에 심취해 있었다. 도자기의 포장지로 쓰여 유럽에 전해진 일본의 전통그림 우키요에를 좋아했고, 많은 영향을 받았다. 이국의 햇빛을 동경한 천재 화가 고흐. 그는 아름다운 빛을 자신의 그림에 담고 싶어 프랑스의 남쪽 도시 아를로 향했다. 나는 고흐가 아를에서 '답을 찾았을까' 궁금한 마음을 안고 기차에 올랐다. 아를로 향하는 기차에서 바라본 풍경 속엔 그의 작품에 자주 등장하는 사이프러스 나무들이 길게 뻗어 있었다.

아를은 프로방스 론 강변에 위치한 도시다. 고대부터 지중해와 운하로 이어져 물자 유통의 중심지로 번영했다. 16세기부터는 운하에 토사가 쌓여 배가 오고가기 어려워졌고 서서히 쇠퇴해 갔다. 시장의 활기는 잃었는지 모르겠지만 도시는 고흐를 궁금해 하는 사람들로 북적였다. 아를역에 내려 3, 4분 정도만 걸어 나가면 론강이 시원하게 펼쳐져 있다. 겨울 하늘빛이 강에 반사되어 청아한 푸른빛을 냈다. 그 풍경이 고흐를 이곳에 머물게 했음을 짐작케 한다.

고흐는 살아생전 단 한 점의 작품밖에 팔지 못한 가난한 화가였다. 그러나 그에게는 영원한 팬이자 동생인 테오가 있었다. 형의 그림을 흠모했던 동생은 경제적, 정신적 버팀목이 되어주었다. 둘은 수백 통의 서신을 주고받았고, 그

편지가 지금도 남아 있어 우리는 고흐의 삶을 상상해 볼 수 있다. 남프랑스로 떠나기 전 나는 두 권으로 나뉘어 발간된 『고흐의 편지』를 읽었다. 아를에서의 새로운 시작을 아이처럼 신나했던 고흐의 기분만큼이나 나도 여행에 대한 기대감이 고조되었다.

광장 한가운데 서 있으니 스피커를 통해 음악이 크게 들려왔다. 거리의 악사도 많다. 도시 전체에 음악이 흐르고 있다. 음악을 따라 고흐의 흔적을 좇다 보면 어느덧 나도 예술가가 된 듯한 착각에 빠진다. 이런 예술적인 분위기만큼이나 도시에 흐르는 역사의 흐름도 놀랍다. 제일 먼저 찾아간 곳은 로마식 원형경기장. 보존이 잘 되어 있는 이 건축물은 현대의 여행자를 고대의 시간 속으로 순간 이동시켜 데려다준다. 원형경기장은 기원후 90년 전후에 세워졌는데 관객을 2만 명이나 수용할 수 있는 크기라고 한다. 지금도 여름엔 이곳에서 투

우 경기를 한다. 스페인의 느낌도 물씬 나겠구나. 고흐가 아를에 머무를 때도 경기가 열렸다. 테오에게 보낸 편지에 투우를 보고 느낀 감상이 담겨 있다. '해가 뜨고 군중이 모여 있을 때 투우가 열리는 원형경기장은 정말 멋있다'던 고흐는 경기를 구경하는 사람들의 모습도 화폭에 담았다.

1853년 네덜란드 그루트 준데르트라는 곳에서 출생한 고흐. 20대 후반이라는 비교적 늦은 나이에 그림을 시작했다. 브뤼셀, 헤이그, 파리 등에서 활동하다가 대도시에 싫증을 느끼게 된다. 1888년 2월 아를에 도착하여 임시 거처를 마련하고, 눈이 내린 도시 풍경에 감탄한다.

아를은 화가 고흐를 거의 완성시킨 도시다. 아를에 정착한 고흐는 무서운 속도로 그림을 그리기 시작했다. 고흐의 작품 중 가장 유명한 『별이 빛나는 밤』은 생레미 요양원 안에서 그린 그림이다. 그곳에서 실제 밤의 풍경을 보지

다정한 여행의 배경

않고 작품을 완성할 수 있었던 것은 아를의 밤과 별을 머릿속에 듬뿍 담아 두었기 때문이리라. 그보다 앞서 그린『아를의 별이 빛나는 밤』,『포룸 광장의 카페테라스』에서부터 그의 그림 속엔 별이 빛나고 있다. 두 작품은 모두 아를의 실제 풍경을 보고 그린 그림이다. 여전히 남아 있는『포룸 광장의 카페테라스』모습을 보기 위해 '카페 반 고흐'를 찾아갔다.

그림 속 풍경 그대로인 카페테라스에는 고흐의 그림과 달리 손님이 별로 없었다. 각종 여행책자마다 언급된, 맛이 없다는 리뷰 때문일까. 사람들이 앉아 있지 않으니, 21세기가 배제된 풍경이 카메라에 담긴다. 고흐가 아니었다면, 언제라도 새로운 간판을 달았을 평범한 카페. 고흐 덕분에 흥미로운 명소가 되었고 소중하게 유지하고 있다. 그 모습이 신기하기도 하고 부럽기도 했다.

아를 풍경에 흠뻑 빠진 고흐는 평소에 좋아하던 폴 고갱을 아를로 불렀다. 함께 예술공동체를 만들자는 제안이었다. 둘은 2개월가량을 같이 살게 된다. 그러나 동거가 순탄치만은 않았다. 거칠고 남성적인 고갱과 섬세하고 예민한 고흐. 다른 성향의 둘이 만나 예술에 대한 견해의 차이를 보이다가 고흐가 그만 자신의 귀를 잘라버렸다. 고갱이 자신을 버리고 떠날 것이 두려워 패닉 상태가 되어버린 것이다. 둘의 사이가 결국 파국에 이르자 고갱은 떠나고 말았다. 그 후 여러 해 동안 고흐를 괴롭힌 정신질환은 더욱 악화된다. 고흐는 정신병원에 갇혔다. 당시 아를의 마을 사람들은 고흐를 병원에 감금시키라는 탄원서를 제출했다고 한다. 아이러니 하게도 지금의 아를 시민들은 고흐의 덕을 톡톡히 보고 있다.

고흐가 머물렀던 정신병원은 문화센터로 운영되고 있었다. 이곳 풍경 역시 고흐의 붓에 고스란히 담겼다. 네모난 건물 가운데엔 분수가 있고 꽃이 피어 있고 겨울의 빛이 떨어지고 있었다. 어느 한 방에서는 아이들이 우드 게임을 하고 있었다. 아를 병원 건물은 고흐를 잊지 않고 기억하면서 문화센터의 역할도 충실히 하고 있다.

아를이란 도시는 크지 않아서 걷다 보면 론강을 서너 번 지나치게 된다. 나는 길을 자주 잃어버린다. 길을 헤맬 때마다 우선 론강으로 빠진 다음 다시 목적지로 향하곤 했다. 어느 시간대에도 아름다운 강이다. 고흐는 이 강 위에 별을 새겨 넣었다.

아를은 고흐에게 답을 주었을 것이다.

그의 작품 속에 담긴 아를 풍경에 이미 답은 나와 있다.

아를 시내에 있는 고대 유적지와 박물관을 돌아볼 때는 패스권을 구입하면 저렴하다. 프리패스와
어드밴티지 패스 두 종류가 있는데, 각각 유효기간이 한 달, 6개월이다. 프리패스는 4개의 유적지
와 1개의 박물관을 갈 수 있으며, 어드밴티지 패스는 모든 유적지와 박물관 입장이 가능하다.
:: 아를 관광청 홈페이지 http://www.arlestourisme.com

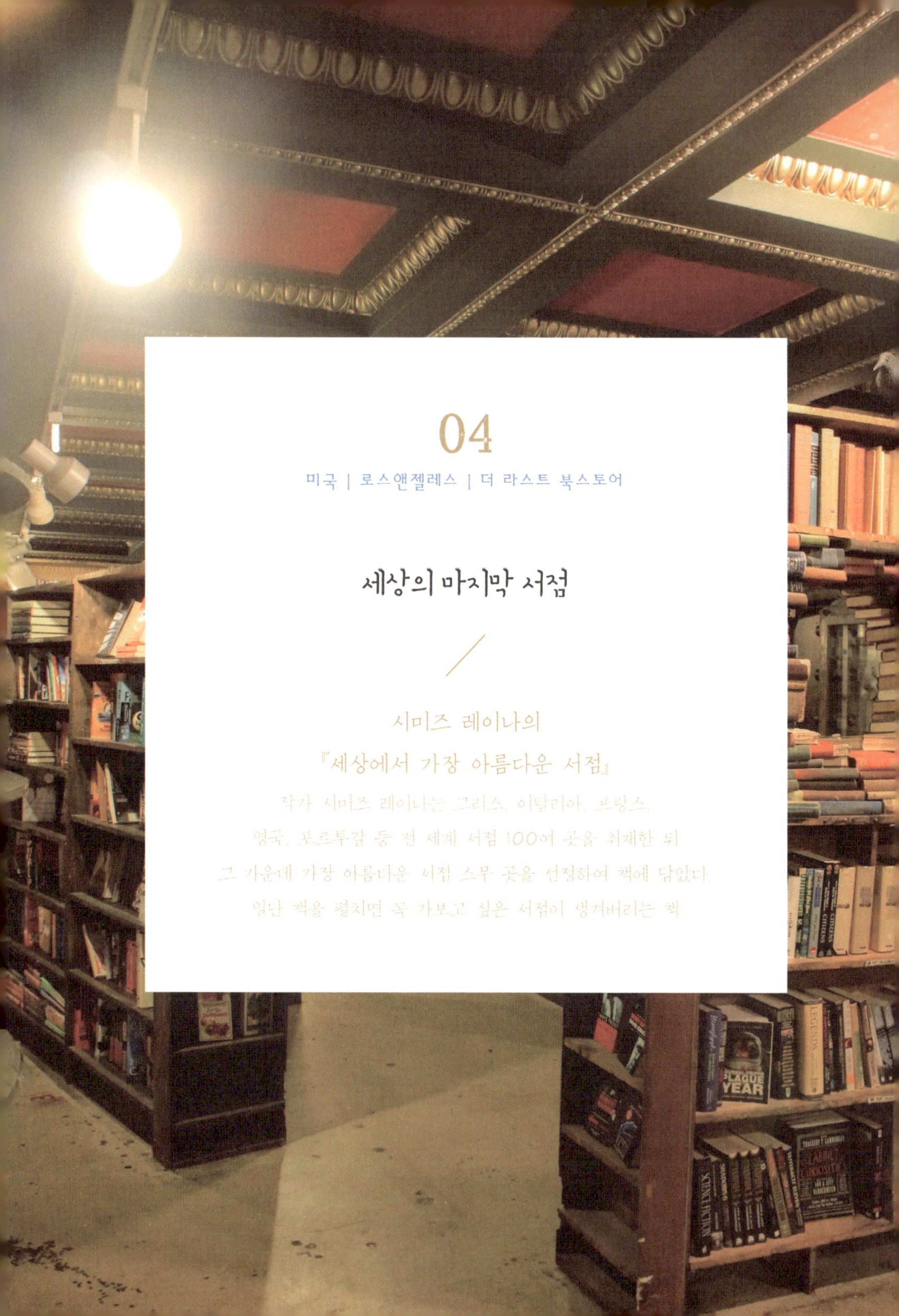

04

미국 | 로스앤젤레스 | 더 라스트 북스토어

세상의 마지막 서점

시미즈 레이나의
『세상에서 가장 아름다운 서점』

작가 시미즈 레이나는 그리스, 이탈리아, 프랑스,
영국, 포르투갈 등 전 세계 서점 100여 곳을 취재한 뒤
그 가운데 가장 아름다운 서점 스무 곳을 선정하여 책에 담았다.
일단 책을 펼치면 꼭 가보고 싶은 서점이 생겨버리는 책

"서점의 아름다움은 '책을 어떤 배경과 액자로 보여주느냐'를
생각하는 데서 비롯된다"라고 조시는 말한다.
지구의 마지막 날, 어떤 책을 읽고 싶을지를 생각하며
서점 안 서가를 가만히 바라보았다.

"

베벌리 힐스에서 우버 택시를 불렀다. 로스앤젤레스 다운타운에 위치
한 더 라스트 북스토어로 향하는 길이다. 운전을 하던 청년 운전기사가 말을
붙였다.

"주민이신가요?"

부촌으로 유명한 베벌리 힐스에서 탔는데, 주민인지 물어봐주니 빈말
이어도 기분이 좋아진다. 비록 '제 여자친구도 한국인이에요'라고 하는 청년
에게 후속질문을 하지 못하는 빈약한 영어실력을 보여주고 말았지만.

로스앤젤레스에서 보내야만 했던 이틀은 순전히 아버지 때문이었다.

아니, 애당초 미국서부를 행선지로 정한 것이 아버지 때문이었다. 아버지가 너무나도 그리워한 친구가 미국 로스앤젤레스에 계셨기 때문이다. 나는 영화『시애틀의 잠 못 이루는 밤』처럼 두근거리는 미국의 도시여행을 꿈꿨다. 그러나 커다란 코리아타운을 안고 있는 이 도시에 와버렸다. 가까이에 할리우드가 있었지만 내키지 않았다. LA에는 꼭 가보고 싶었던 작품의 무대가 없었다. 그러니 나에게는 딱히 갈 곳이 없었다. 그때 책 한 권이 불현듯 생각났다. 구성이 아름다워 소장용으로 사둔 시미즈 레이나 작가의 『세상에서 가장 아름다운 서점』이었다.

『세상에서 가장 아름다운 서점』에는 세계 곳곳의 아름다운 서점 스무 곳이 소개되어 있다. 근사하게 찍힌 커다란 사진들도 마음에 들었다. 그러나 열아홉 번째로 등장하는 '더 라스트 북스토어'는 크게 인상적이지 않았다. 오만한 생각이지만 가장 마지막으로 미뤄두었던 서점 중 하나였다. 수록된 사진에서 크게 매력을 느끼지 못했고, 글에서도 오래된 책방의 기품이나 트렌디한 서점의 세련미도 전해지지 않았기 때문이다.

더 라스트 북스토어는 온라인 중고서점에서 시작했다고 한다. 요즘엔 작은 책방들도 인터넷 구매 서비스를 하는 곳이 많기 때문에 오프라인에서 온라인으로 향하는 모습은 자주 볼 수 있다. 그러나 온라인의 세계에서 출발하여 직접 책을 만지는 오프라인 공간으로 옮겨가는 일은 흥미진진하다. 머

The Last Bookstore

릿속으로 그린 그림을 포토샵으로 매만져 실제 공간에 배치한 듯한 장면이 서점 곳곳에 있다!

2005년 작은 다락방에서 시작한 책방은 2011년에 현재 위치로 옮겨와 어느덧 캘리포니아에서 가장 큰 책방이 되었다. 유성의 충돌로 멸종해버린 공룡과 같이 아마존과 이북 시장 때문에 나날이 사라져가는 오프라인 서점의 현실 속에서 '더 라스트 북스토어'란 서점의 이름은 매우 적절했다.

삐거덕거리는 계단을 밟고 이층에 올라섰다. 올라선 순간 한눈에 이곳의 매력이 밀려들어왔다. 시간되면 나중에나 가볼 거라고 순위 밖으로 밀쳐

두었던 나의 방자한 생각 때문에 얼굴이 화끈거렸다.

서점 안에는 반원 형태로 쌓아놓은 책이 있었다. 금고를 닮은 문 안에는 무엇이 있나. 바람이 휘몰아쳐 책들이 날아가버릴 것만 같다. 이곳은 세상에서 가장 아름다운 서점 중 하나가 될 만하다.

가운데 공간엔 꽤 많은 사람들이 자리를 잡고 앉아 있었다. 작가인 듯한 남성이 마이크를 잡고 이야기를 시작했다. 천장으로부터 따뜻한 빛이 내려앉았다. 한쪽 벽면엔 책으로 만든 물고기가 유영하고 있었다. 서점에서는 저자와의 만남이나 토론회 등의 이벤트가 빈번히 열린다. 디너파티나 결혼식이 열린 적도 있는 듯한데, 운이 좋으면 굉장히 특별한 이벤트를 만나볼 수도 있다.

책을 어떤 액자 안에 보여줄까 고민하는 책방주인 조시 스펜서 덕분에 서점은 어느 프레임에 가둬도 아름답다. 사각 틀 안에 아름다운 서점의 모습을 최대한 담고 싶은 욕심이 부풀어 올라 밤은 깊어만 갔다. 시애틀이 아니어도 잠을 못 이룰 만한 곳이다.

Info

더 라스트 북스토어는 로스앤젤레스의 다운타운에 위치해 있다. 서점에서 걸어서 갈 수 있는 거리에 로스앤젤레스 시청과 공원 그랜드 파크, 밀레니엄 빌트모어 호텔이 있다.
:: 홈페이지 http://lastbookstorela.com

05

밤새워 읽었고 겨우 만났다

미즈무라 미나에의 『본격소설』
일본판 『폭풍의 언덕』이라 불리는 소설.
에밀리 브론테 『폭풍의 언덕』 스토리의 큰 틀을 빌려와
일본의 근대를 배경으로 새롭게 썼다.
신분 격차가 남아 있던 시절을 살았던 남녀의 사랑 이야기

오월의 어느 늦은 밤. 일본의 한 호텔방에 홀로 있었다. 밤새 태풍이 휘몰아치며 창문을 심하게 두드렸다. 그 바람에 새벽 네 시가 되도록 잠들지 못했다. 밤을 꼬박 새워 『본격소설』 하권을 모두 읽었다. 잠이 안 와서 책을 펼쳤는데, 책은 잠을 더 못 이루게 했다.

『본격소설』을 쓴 작가 미즈무라 미나에는 12살 때 아버지를 따라 뉴욕으로 이주했다. 소설에는 실제 작가의 이름과 똑같은 미즈무라 미나에라는 이름의 작가가 등장한다. '본격소설이 시작되기 전의 길고 긴 이야기'에 담긴 실제 작가의 경험인지, 소설 속 미즈무라 미나에의 경험인지 구분이 어려운 이야기로 소설은 시작된다. 작가와 작품이 묘하게 겹쳐져 사실인 듯 소설인 듯 모호하게 얽혀 있는 것이다.

주요 배경은 일본 가루이자와의 고급 별장지. 친구의 별장에 놀러 간 유스케는 길을 잃어 가루이자와에서 가까운 오이와케의 어느 낡은 별장에서 신세를 지게 된다. 유스케는 그곳에서 후미코를 만난다. 후미코는 자신이 가정부로 일한 우타가와 집안의 둘째 딸 요코와 그녀의 옆집에 세 들어 살던 가난한 소년 다로의 사랑이야기를 유스케에게 들려준다. 그리고 유스케는 그 이야기를 듣고 미즈무라 미나에를 찾아가게 된다.

다로는 천대를 받으며 성장했다. 그러나 미국으로 건너가 갖은 고생을 해가며 결국 억만장자가 된 인물이다. 그는 오로지 요코만을 바라보며 치열하게 산다. 신분을 뛰어넘은 다로와 요코의 사랑은 40여 년 동안 운명처럼 이어진다. 마지막 책장을 덮은 뒤에도 소설의 잔상이 머릿속에서 지워지지 않아 쉽게 잠을 이룰 수 없었다.

가루이자와역에 도착하자마자 나는 책에 나오는 사진 속 서양식 별장 '서양관'을 찾아 돌아다녔다. 소설에는 이 이야기의 배경이 된 흑백사진이 여러 장 실려 있다. 이는 허구와 사실의 경계를 희미하게 하는 설정이자, 작가가 모델로 삼은 배경이기도 하다.

책 속에서 미즈무라가 유스케의 이야기를 모두 들은 후, 주소를 받아 찾아가 보았다는 서양관을 나도 꼭 가보고 싶었다. 책에는 사진만이 실려 있으므로, 주소는 알 수 없었다. 야후재팬에서 검색하여 찾은 한 블로그에 '만페이 도오리 주변에서 보았다'는 글이 있었다. 나는 그 문장 하나만을 들고 가루이자와에 있는 수십 채의 별장을 뒤졌다.

두 시간 이상 빙글빙글 별장지를 걸어다녔다.
오래된 서양관만을 찾고 있었다.
가루이자와라면 어디에나 오래된 서양관이 있을 듯했지만,
실제로는 손가락으로 꼽을 만큼밖에 보지 못했다.
맞닥뜨렸다 해도 몇 년간 사람이 오지 않았다는 것을 알 수 있는,
유리창이 닫히고 잡초가 우거진 별장이 대부분이었다.

서양관을 꼭 찾겠다는 생각으로 두 시간을 숲 속에서 헤맸다. 길을 여러 차례 잃어 같은 별장을 네 번이나 보았다. 결국 별장을 찾지 못한 채 해는 저물기 시작했다. 고집이 센 다로는 한 번 울기 시작하면 좀처럼 울음을 그치지 않는 아이로 나온다. 나도 다로처럼 흙바닥에 앉아 엉엉 울고 싶어졌다. 혼자였기에 캄캄해지기 시작한 숲은 더욱 무서웠다.

다음날도 똑같은 길만 돌아다닐 순 없었다. 다로도 묵었던 프린스 호텔에서 조식을 먹고 시나노오이와케역으로 갔다. 가루이자와에서 차로 30분 정도 떨어진 오이와케는 소설에서 세 번째로 등장하는 별장이 있는 장소다. 요코와 다로의 행복한 기억이 깃든 마을이기도 하다. 요코의 할머니와 아버지는 가루이자와 별장에서 여름을 보내는 것이 불편하여 가루이자와 중심가에 위치한 쓰루야 여관에서 묵곤 했다. 그러다 오이와케에 별장을 짓기로 결정한다. 소설에서도 오이와케는 가루이자와에 비해 학자들이 선호하는, 비싸지 않은 별장지로 묘사되어 있다. 확실히 조금 덜 허황된 느낌이었다. 시골 주택도 많이 섞여 있었고, 으스대거나 뽐내지 않는 분위기였다.

> 요코 아가씨를 오이와케에서는
> 아침부터 밤까지 독점할 수 있으니,
> 다로 군에게는 일 년에 한 번 돌아오는
> 더없이 행복한 계절이었습니다.

역에서 내려 향토관을 향해 걸었다. 양 옆에 보이는 숲 사이사이엔 요코와 다로가 함께 산책을 했던 용수로가 이어져 있었다. 오이와케를 산책한 뒤 가루이자와에 돌아가서도 서양관을 찾고 싶다는 욕심을 내려놓지 못했다. 관광 인포메이션센터에 들어갔다. 사진 속

서양관의 주소를 알 수 있을까 물었으나, 관광지로 개방된 곳이 아니면 알 수 없다는 답이 돌아왔다. 어깨가 축 처져서 나와야 했다.

'그래, 이제 그만 하고 가루이자와의 유명한 관광지나 돌아다니자.'

자포자기와 체념을 안고 가루이자와의 대표명소인 쇼기념 예배당으로 향했다. 유스케가 만페이 호텔, 쇼기념 예배당, 가루이자와 긴자를 둘러보곤 '이것으로(가루이자와) 관광이라는 것에 대한 의리를 다했다'고 했던 명소들을 가보기로 한 것이다. 쇼기념 예배당에서 만페이 호텔로 향하던 길이었다. 바로 그 길 위에서 나는 드디어 내가 찾던 서양관을 만났다. 책에 나왔던 바로 그 서양관이었다.

우연히 마주친 서양관의 모습에 순간적으로 가슴이 철썩 내려앉더니

심장박동이 미친 듯이 빨라졌다. 눈앞에 펼쳐진 광경을 믿을 수가 없었다. 몇 차례 책과 별장을 번갈아가며 보았다. 너무나 신이 나서 펄쩍펄쩍 뛰기 시작했다. 전혀 관리되지 않은 듯한 서양관이 눈앞에 우뚝 서 있었다. 옆으로는 도로가 나 있고 강이 흐르고 있었다. 메인 스트리트인 가루이자와 긴자가 가까움에도 키가 큰 나무들에 둘러싸여 있어 고요했다. 바람에 흔들리는 나뭇잎 소리, 간간이 들려오는 새소리 등 숲의 소리만이 흐르고 있었다. 서양관 건물은 시간을 놓쳐버린 듯 사진 속 모습 그대로 서 있었다. 쓸쓸하고도 애잔했다.

서양관을 만나고 나자 가루이자와에서 더 이상 무언가를 해야겠다는 욕심이 없어졌다. 책방에 가서 소설의 주인공 아즈마 다로의 실존모델인 기업가 오네다 가쓰미의 자서전을 샀다. 자서전은 어떻게 그가 억만장자가 되었는지에만 주목하고 있어서 다로의 매력에 푹 빠져 있던 내게 큰 흥미를 주진 못했다. 그러나 자서전 맺음말에 소설에 관한 언급이 짧게 나왔다.

'물론 소설이므로 일종의 픽션이지만, 실화도 많이 나오고, 미즈무라 씨의 가족과 관계된 실제 에피소드도 많이 담겨 있기 때문에 어디까지가 사실이고 어디부터가 창작인지 판단하는 것은 어렵다'는 애매모호한 문장. 이 마지막 문장은 소설에 대해 더 많은 것을 상상하게 했고, 소설의 여운을 꽤 오래도록 남겼다.

서양관은 쇼기념 예배당에서 만페이 호텔을 향해 강을 따라 걷다보면 만날 수 있다. 이곳이 아니더라도 가루이자와에는 고원교회, 폭포 시라이토노타키, 호시노 온천, 뉴아트 뮤지엄 등 가볼 만한 곳이 많다.
시나노오이와케는 시나노 철도를 타고 가루이자와역에서 두 정거장을 더 간다. 오이와케에는 지역의 역사 등을 소개하는 향토관과 『바람이 분다』를 쓴 소설가 호리다쓰오 문학관이 있다.

06

뭉친 마음을 푸는 수프 한 그릇

마스다 미리의
『잠깐 저기까지만, 혼자 여행하기 누군가와 여행하기』
힐링만화 '수짱 시리즈'의 작가 마스다 미리의 여행 에세이.
친한 언니의 여름휴가 이야기를 듣는 것 같다.

친구와 함께 여행을 시작하고 사흘이 지났다. 우리는 서로의 입을 닫아버렸다. 그렇게 헬싱키 공항에 함께 들어섰다.

나의 꽁한 마음이 발단이었다. 은행원인 친구에겐 런던지점으로 파견된 입사동기가 있었는데 일정 중 한 번은 셋이 같이 저녁을 먹기로 했다. 피시 앤 칩스를 맛있게 먹고 런던 시내가 시원하게 내려다보이는 바에 가기로 했다. 그런데 입구에 경호원이 서 있었다. 운동화를 신은 사람은 들어갈 수 없단다. 여행은 늘 편하게만 다니려고 하는 나. 혼자만 운동화를 신고 있었던 것이다.

"둘이 다녀와. 난 숙소에 가 있을게."

둘은 너무나도 곤란한 표정을 지었다.

"여행에선 개인 시간이 필요한 법이야. 정말 괜찮아. 나 간다!"

한껏 대인배인 척하며 지하철을 타고 숙소로 향했다. 물론 나는 마음이 넓지 않다. 숙소에 돌아와 홀로 앉아 있으려니 별의별 생각이 다 들었다.

'아무리 괜찮다고 해도 그렇지. 그렇게 홀랑 올라가버리나?'

'같은 돈 주고 여행 와서 나만 그 야경을 못 보다니……'

원망과 억울함이 끝도 없이 기어 나왔다. 속이 상하기도 하고 시간도 남아 괜히 속옷 빨래를 했다. 널어둘 곳이 마땅하지 않아 더 짜증이 났다. 서둘러 돌아온 친구는 내 눈치를 살피다가 간이부엌 부근에 걸려 있던 내 속옷을 곁눈질했다.

'흥! 저걸 널어놓아서 기분이 나쁜 거야?'

민망함과 섭섭함이 점점 부풀어 올랐다. 말수는 줄어 갔지만, 여전히 우리의 여행은 반이나 남아 있었다.

마스다 미리라는 작가를 알게 된 것은 이 여행이 끝난 식후였다. 마스다 미리의 단편소설을 읽고 마음에 들어 다른 에세이집과 만화도 주문했다. 『잠깐 저기까지만, 혼자 여행하기 누군가와 여행하기』란 책에 마침 북유럽 여행기가 담겨 있었다. 나보다 조금 앞서 떠난 작가의 북유럽 여행기를 읽으니, 대부분 나도 스쳐 지났던 곳들. 여행을 다녀온 지 얼마 지나지도 않은 터라 생생한 기억이 눈앞에 펼쳐졌다.

헬싱키에 도착하자마자 친구가 꼭 가보고 싶다는 암석교회, 템펠리아우키오로 향했다. 나야 당연 시큰둥했다. 기대감에 앞서 가는 그녀를 한참 앞에 두고 일부러 느릿느릿 걸었다. 실제로 가보니, 암석교회는 굉장히 신비로웠다. 투박한 겉모습과는 전혀 다른 속살이 숨어 있었다. 친구가 보여준 여행책자 속 사진보다 실제가 훨씬 아름다운 곳이었다. 고요한 공간에 교회

음악이 엄숙하게 흐르고 있었고, 파랑과 보라가 조화를 이룬 모습이 세련됐
다. 1969년에 문을 열었다고 하는 교회는 큰 바위를 깎아 지었다. 중앙에 올
린 구리 돔 주변은 채광창으로 둘러져 있었다. 그 창으로 자연의 빛이 쏟아
져 내려왔다. 내심 '오길 잘했다'는 생각이 들었다. 친구에게 말하진 않았다.
사진도 열심히 찍고 동영상까지 찍은 나. 마음에 쏙 든다는 것을 온몸으로
발산하고 있었다. 그러다 갑자기 관광버스에서 내린 단체관광객이 우르르
몰려 들어왔다. 좋은 분위기가 순식간에 깨져버렸다.

"되게 시끄럽네!"

암석교회를 나오며 그곳을 무척이나 가고 싶어 했던 친구에게 건넨 나
의 유일한 소감이었다. 친구는 '국물이 먹고 싶다'고 여행 내내 징징대던 나
를 항구 근처 수프집에 데리고 갔다.

Soppakeittiö

마스다 미리는 친구 둘과 패키지 여행으로 다녀왔던 헬싱키로 다시 떠났다. 두 번째는 혼자서. 세계문화유산으로 지정된 수오멘린나섬에 다녀와 배가 고파진 마스다 미리. 여행책자에 소개되어 있던 수프집을 잊지 않고 찾아간다. 내 친구도 수프집이 소개된 여행책자의 한 페이지 귀퉁이를 접어놓았다. 여행책자에 실려 있는 그곳은 바로 스오파케티오. 마스다 미리는 여행책자에서 추천한 그 수프집을 잘못 찾아갔지만, 우리는 처음부터 제대로 찾아갔다. 그리고 15분 정도를 기다려서 맛을 보았다. 나는 해산물 수프를, 친구는 독특한 비주얼의 수프를 주문했다. 비트가 들어간 수프는 오묘한 색을 내고 있었다. 연일 감자와 고기 중심의 식사로 푸석푸석해진 위장이 부드럽게 풀리기 시작했다. 역시 국물이 들어가니 식사를 좀 하는 것 같다. 이럴 때 보면 어쩔 수 없는 한국사람. 해산물 수프에는 바다 향을 가득 품은 해산물이 잔뜩 들어 있었다. 곡물이 다닥다닥 붙은 빵도 맛이 좋았다. 게다가 빵은 무제한으로 먹을 수 있었다! 물가 높은 북유럽에서 굉장히 반가운 일이었다.

마스다 미리도 다음날 재도전하여 스오파케티오에 입성했다. 그가 주문한 수프는 파 크림 수프. '바질 소스를 뿌려서 보기에도 예쁘다'는 수프도 궁금해졌다.

"수프가 메인디시인 집은 처음이야."

"그래? 도쿄에는 몇 군데 있는데. 가끔 일 끝나고 가기도 해."

“그럼 도쿄에선 빵이랑 먹어? 밥이랑 먹어?”

“선택할 수 있어.”

“그럼 넌 보통 뭐랑 먹는데?”

“난 빵이 더 좋더라.”

위장이 풀리자 마음도 녹기 시작해 입까지 느슨해졌다. 우린 며칠 만에 이런저런 이야기를 나눴다. 서로의 것도 먹어보라 권하기도 했다. 그래, 서운했던 마음들은 여기까지만.

혼자 여행하든, 누군가와 함께 여행하든 헬싱키에 가면 수프 한 그릇을 먹어보는 게 어떨까. 특히 마음이 단단히 뭉쳐 있다면 꼭.

Info

암석교회 템펠리아우키오는 트램을 타고 칸살리스무세오 정거장에 내려 10분 정도 걸어가면 나온다. 입장료는 없다. 수프가게는 항구 근처에 있는 올드 마켓 홀이란 건물 안에 있다. 올드 마켓 홀에는 연어, 새우 등 신선한 어패류와 채소를 판매하고 있으며, 커피나 차를 즐길 수 있는 카페와 식당도 많다. 우리가 식사를 한 곳은 스오파케티오라는 가게다.
:: 올드 마켓 홀 홈페이지 http://vanhakauppahalli.fi/en/

07

해거름 기차에서 내려 공원에 닿았다

비번 키드론 감독의 영화
『브리짓 존스의 일기-열정과 애정』
바람둥이 구 남친과 완벽한 변호사 새 남친 사이에서
갈광질팡 달콤쌉싸름한 사랑을 이어가는
브리짓 존스의 연애 이야기

브리짓 존스가 꿈에 그리던 완벽한 남자 마크 다시와 연애를 시작한다. 마크의 곁에는 매력 넘치는 인턴 레베카가 있고, 바람둥이 다니엘은 브리짓의 마음을 또 한 번 흔들어댄다. 로맨틱 코미디의 정석이라고 부를 수 있는 영화.

이 영화의 배경지를 일부러 찾아갔던 것은 아니었다. 런던에 다녀오고 시간이 많이 흐른 어느 날이었다. 지친 수요일 밤. 복잡한 생각을 하지 않아도 되는 영화가 보고 싶어졌다. 영화『브리짓 존스의 일기』를 틀었다. 한 장소가 눈에 들어왔다. 런던에서 찍어온 사진을 넘겨보았다. 다시 영화로 눈을 돌렸다. 같은 곳이다.

그날 나는 런던의 근교 도시 바스에 다녀와 숙소까지 가는 지하철로 갈아타기 위해 패딩턴역에서 내렸다. 막상 숙소로 들어가려니 다음날이면 영국을 떠나야 한다는 사실이 아쉬웠다. 아쉬움을 달래기 위해 잠시 걷기로 했다. 저녁을 먹기엔 아직 배가 고프지 않았다. 공원 표지판이 보여 그쪽으로 발걸음을 옮겼다. 그렇게 걷다가 만난 곳이 이탈리아 가든이었다.

영화『브리짓 존스의 일기』시리즈는 영국작가 헬렌 필딩의『브리짓 존스의 일기』, 『브리짓 존스의 애인』, 『브리짓 존스의 베이비』로 이어지는 소설을 원작으로 한다. 주인공 브리짓 존스는 30대 출판사 직원이다. 담배와 술을 좋아하고 통통한 몸매를 갖고 있다. 당당하고 털털한 성격이 가장 큰 매력이다. 콜린 퍼스가 연기한 인권변호사 마크 다시와 휴 그랜트가 연기한 다니엘 클리버는 브리짓과 삼각관계를 형성한다. 다니엘은 브리짓의 직장상사.

이탈리아 가든은 2004년에 개봉한 두 번째 이야기 『브리짓 존스의 일기 – 열정과 애정』에 등장한다. 브리짓은 여전히 술과 담배를 끊지 못하고 있지만, 그의 곁엔 남자친구 마크 다시가 있다. 물론 영화의 문법상 마크와 브리짓은 티격태격 긴장감을 이어가야 하는 관계이므로, 둘의 사랑에 당연히(!) 위기가 찾아온다. 브리짓은 마크와 함께 일하는 늘씬한 몸매의 인턴 레베카가 신경이 쓰인다. 1편에 이어 또 등장한 바람둥이 다니엘은 브리짓과 마크의 소원해진 틈을 교묘하게 파고든다.

이탈리아 가든은 켄싱턴 가든 안에 있었는데, 만들어진 지 150년이 넘었다고 한다. 북쪽 정면에 위치한 펌프 하우스를 중심으로 작은 연못, 대리석 분수가 조화롭게 배치되어 있었다. 정원 곳곳에 놓인 항아리에는 숫양의 머리, 백조의 가슴, 아리따운 여성의 얼굴, 돌고래 등이 새겨 있어 보물찾기를 하듯 구경했다. 영화에서 마크와 다니엘은 펌프 하우스에서 멱살을 잡고 튀어나온다.

마크와 멀어진 시기에 다니엘과 태국 출장을 가게 된 브리짓. 그곳에서 어떤 남성의 속임수에 휘말려 마약소지죄로 교도소에 갇힌다. 그때 공항에서 잡혀 끌려가는 브리짓을 본 다니엘은 그녀를 모른 체한다. 나중에 그 사실을 알게 된 마크.

다 큰 어른 둘이 펌프 하우스의 문을 뚫고 나와 몸싸움을 하는 장면은 몇 번이고 다시 봐도 우스꽝스럽다. 그럼에도 왠지 흐뭇하다. 모든 연애에서 그렇듯 상대방이 자신을 얼마만큼 진심으로 사랑하는지는 가장 중요하고 첨

예한 관심사. 브리짓을 향한 마크의 진심이 전해지는 이 장면은 여성의 환타지를 자극하기에 충분하다. 너무나 정석이어서 모든 여성들에게 큰 공감과 찬사를 불러일으킨 브리짓의 연애 이야기. 이 소설은 영국에서 일 년이 넘도록 베스트셀러 1위 자리를 지켰고 영화도 흥행에 성공했다.

영화와 달리 실제 펌프 하우스에는 문이 없다. 영화를 위해 임시로 세운 것이었다. 펌프하우스 앞에 핀 보라빛 꽃이 연두색 잔디와 대비를 이루어 더욱 선명하고 강렬한 분위기를 이끌어냈다. 아무리 보아도 영화 속 모습보다 실제가 훨씬 화려히고 이름다웠다. 찾아보니, 어쩐지 2011년에 리모델링을 했다고 한다.

비록 마크 같이 멋진 남자가 곁에 있진 않았지만 행복함이 밀려왔다. 해질 무렵의 따뜻한 색감을 배경으로 잔디밭에 누워 책을 읽는 사람들이 있었다. 강아지 산책을 시키는 아이들도 있었다. 편안한 휴식 같은 이탈리아 가든. 어디에선가 브리짓과 마크가 서로의 눈을 바라보며 앉아 있을 것만 같다. 혹은 둘을 닮은 어떤 연인이라도. 직업인가, 취미인가 모르겠지만 애정 어린 손길로 새들에게 모이를 주는 할아버지도 만났다. 할아버지는 우리와 이런저런 이야기를 하고 싶어 했지만, 새들이 저녁을 맛있게 먹는 모습을 본 탓인지, 잠시 걸은 탓인지 나는 배가 고파져 서둘러 숙소로 향했다.

Info

이탈리아 가든은 패딩턴역에서 도보로 10분 거리에 위치해 있다. 켄싱턴 가든 안에 있는데, 바로 옆엔 하이드 파크도 붙어 있어서 굉장히 커다란 공원이 조성되어 있다.

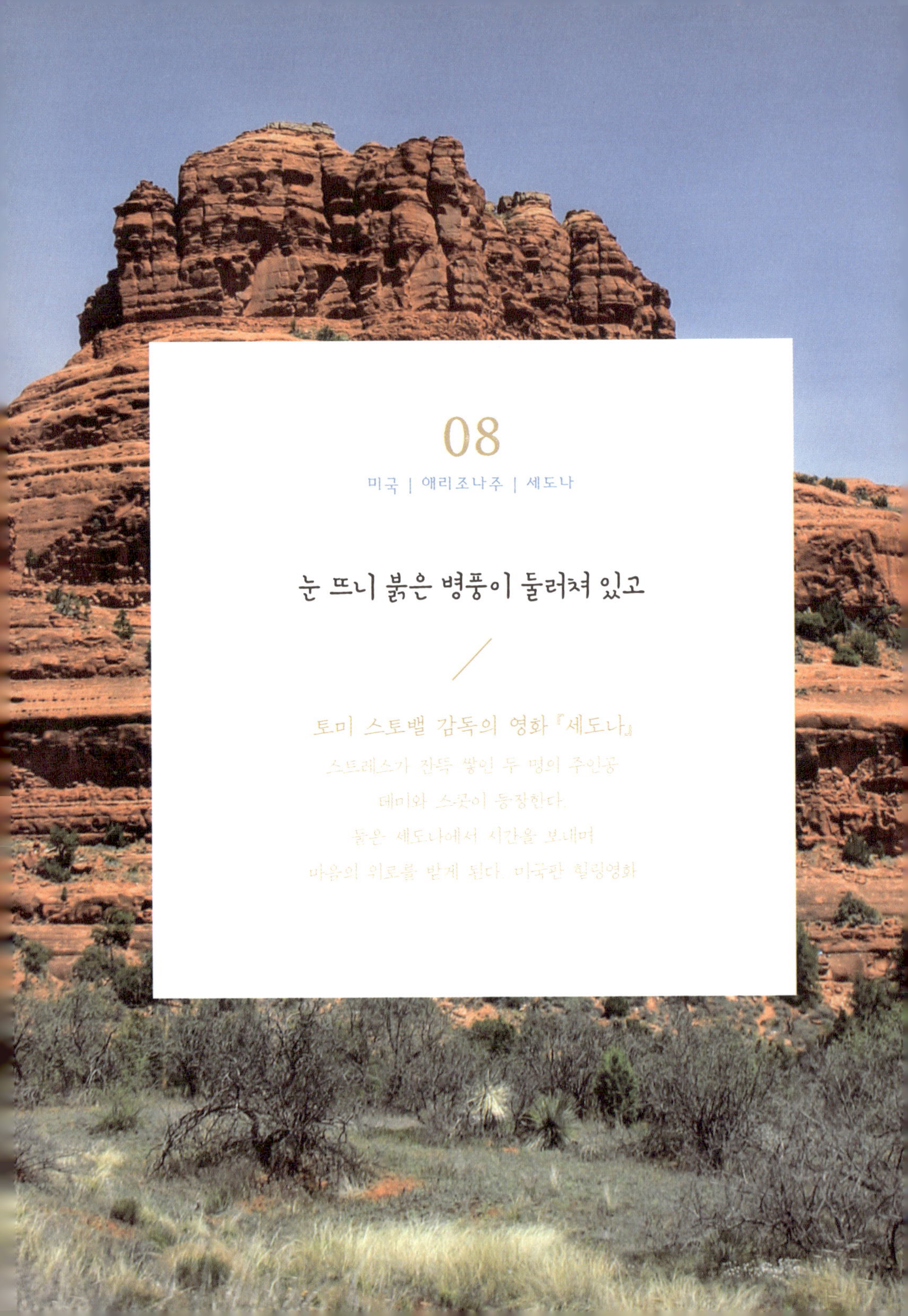

08

미국 | 애리조나주 | 세도나

눈 뜨니 붉은 병풍이 둘러쳐 있고

토미 스토밸 감독의 영화 『세도나』
스트레스가 잔뜩 쌓인 두 명의 주인공
테미와 스콧이 등장한다.
둘은 세도나에서 시간을 보내며
마음의 위로를 받게 된다. 미국판 힐링영화

한 번도 깨지 않은 숙면이었다.

기가 세다는 도시, 땅에서 볼텍스 에너지가 나온다는 미국 세도나의 밤이었다. 볼텍스 에너지란 나선형을 이루며 분출되는 지구의 자기 에너지. 과학적인 설명을 굳이 덧붙이지 않더라도 미국 여행 일정 중 한 번도 깨지 않고 내리 잘 수 있었던 유일한 도시였다. 나는 몇 개월 동안 수면 부족에 시달린 사람처럼 깊은 잠에 빠져버렸다. 그리고 숙면의 터널을 빠져나온 아침, 황홀한 세도나의 풍경과 마주했다. 밤늦게 마을에 도착한 탓에 창밖 풍경을 까맣게 모르고 있었다. 아침이 되어서야 맞닥뜨린 세도나의 모습에 입을 다물 수 없었다.

미국 여행의 구성원은 곧 환갑을 앞둔 아빠와 우수한 성적으로 운전면허를 땄다고 하시지만 삼십 년간 단 한 번도 운전대를 잡아본 적이 없는 엄마, 차만 타면 잠들어버리는 딸 둘이었다. 우리 둘은 면허도 없다. 로스앤젤레스에서 세도나까지는 770킬로미터. 한 번도 쉬지 않고 달려도 7시간 반이 걸리는 거리다. 이토록 머나먼, 게다가 사막을 가로지르는 길을 운전해야 하는 사람은? 딱 한 명, 아버지뿐이었다. 친구들은 나를 불효녀라며 맹렬히 비

난했다. 그러나 며칠간 구글 지도를 들여다보신 아빠는 오히려 "이야~ 미국 서부를 달려보는구나!" 의욕이 넘치셨다. 어떻게든 되겠지. 죄송스런 마음이 들었지만 나는 질끈 눈을 감았다.

렌터카에는 한국어로 길안내를 해주는 내비게이션이 달려 있었다. "세컨드 크로스 스트리트 방향으루 어른쩌입니돠." 발음이 이상했고, 오른쪽 왼쪽 정도만 겨우 한국어로 이야기하는 내비게이션이었다. 그나마도 출발 몇 분 만에 고장이 나버렸다. 친구들의 숱한 질타로 마음에 짐이 생긴 나는 우선 인간 내비게이션을 자청했다. 스마트폰으로 구글 지도를 보고 표지판과 대조하며 내가 직접 음성안내를 시작했다. 하지만 끝이 보이지 않는 사막 길에 들어서고부터는 4월의 따스한 봄빛이 눈꺼풀에 계속 내려앉았다. 졸음방지턱이 언덕을 오르내리는 수준으로 만들어져 있었지만 소용이 없었다. 리듬에 익숙해져 졸음이 달아나지 않았다. 옆을 보니 아빠는 잔뜩 긴장 상태. 가끔 스스로 볼을 찰싹 찰싹 때리며 (내가 때릴 순 없으니) 쉼 없이 달리셨다.

애리조나주 세도나에 근접한 것은 자정이 다 되어서였다. 중간에 식사도 해야 했고, 휘발유도 넣어야 했고, 국립공원도 하나 들렀기 때문이다. 도착을 20, 30분 앞둔 상황인데 도무지 마을이 있을 것 같지 않았다. 뱀이 똬리를 튼 듯한 산길이 이어졌다. 가로등도 없어 빛은 우리가 타고 있는 자동차 헤드라이트의 불빛이 유일했다. 양옆으로 검은 숲이 이어졌다. 당장이라도 무언가 튀어나올 것 같아 등골이 오싹했다. 식은땀이 마르기도 전에 마을에 들어섰다. 모두가 잠들어 있었다. 조금 전의 풍경보단 안심이 되었지만 사람들이 모두 떠난 마을에 우리 넷만 덩그러니 남아 있는 기분이었다. 잘생긴 청년이 커피가 한 가득 담긴 컵을 들고 호텔 프런트에서 우리를 맞았다. 마을에 남은 사람이 다섯으로 늘어서 다행이었다.

푹 자고 일어나 조식을 먹으러 나섰다.

맙소사.

건물 밖으로 나와서 보니 붉은 암석들이 마을을 병풍처럼 두르고 있었다. 이제까지 한 번도 본 적이 없고 상상해본 적도 없는 자연의 얼굴이었다. 이런 선물이 기다리는 줄도 모른 채 잠들어 있었구나……. 대개 미국 서부여행 하면 샌프란시스코의 금문교나 그랜드캐니언의 장엄함, 여유가 넘치는 해변 풍경을 떠올린다. 이들은 나의 상상력 범주 내의 풍경이다. 영화나 사진 등 다양한 매체를 통해 이미 많이 접해왔기 때문이다. 그래서 금문교나 그랜드캐니언을 마주했을 때 대단한 감탄사가 내뱉어지진 않았다. 대략 예상했던 풍경이었으니까. 하지만 세도나는 달랐다. 여행 출발 전에 조사를 하며 한두 장의 사진을 보긴 했지만 매우 평면적이어서 미처 실감을 하지 못했다. 이토록 커다랗게 빙 둘러 있는, 입체감 있는 풍경이 담겨 있으리라고는 상상할 수 없었던 것이다. 게다가 깜깜한 밤에 도착했기 때문에 예고편이 없었다. 눈가리개를 풀고 마주한 깜짝선물 같았다. 세도나를 강력하게 추천한 회사 동기 둘도 ‘왜 좋은지’ 제대로 말해주지 않았다. 그 ‘왜’라는 것을 ‘왜 표현하지 못했는지’ 알 것 같았다.

세도나의 붉은 풍경은 2억 7천만 년 전에 형성된 사암이라고 한다. 사암에 가까이 다가가 보기로 했다. 벨락은 이름 그대로 종 모양을 닮았다. 주변에 놓인 식물들도 왠지 비현실적이었다. 어쩐지 연출된 모습 같아 보이기까지 했다. 종을 타고 올라가 볼 수도 있다고 하는데, 우리는 땀을 흘리고 싶지 않아 종모양을 고스란히 기억에 남기기로 했다.

어젯밤 엄마가 “마을이 엄청 예쁠 것 같아”라고 했기 때문에 환해진 마을을 빨리 만나보고 싶었다. 세도나에는 예술가들이 모여 살며 여러 공방을 꾸리고 있다고 한다. 시내 분위기는 아기자기했다. 시내투어를 할 수 있는 핑크색 지프가 다니고 상점에 놓인 상품도 조악하지 않아 눈길이 갔다.

세도나를 세심하게 담은 영화가 한 편 있다. 영화 이름도 『세도나』. 여행에서 돌아와 발견한 작품이다. 세도나를 배경으로 두 명의 주인공이 등장한다. 남주인공은 스트레스로 가득 찬 변호사 스콧. 휴대폰을 손에서 놓지 못한다. 그는 동료 에디와 그들의 아들 둘과 세도나 하이킹에 나선다. 한창 풍경을 감상하던 중 스콧의 아들인 7살 데니가 갑자기 사라져 버린다. 한편 여주인공 테미는 포틀랜드에서 피닉스로 가던 중 작은 비행기와 충돌하며 세도나에서 발이 묶여 버린다. 영적인 도시 세도나에서 그녀는 자신의 힘들었던 과거와 마주하게 된다. 홍보비디오를 굉장히 세련되게 제작했단 생각도 들지만, 환상적이었던 그곳 풍경을 영상으로 언제든 다시 만날 수 있어 소중하다. 영화를 보니 이글이글 타오르던 애리조나의 태양, 건조하지만 산뜻했던 그날의 날씨, 살까말까 망설이다 사지 못한 티셔츠의 감촉까지 되살아났다. 'SEDONA'라는 글씨가 적혀 있던 티셔츠였다.

도시는 너무나도 아름다운 배경을 가지고 있었다. 붉은 장막 속에 몰래 숨겨놓은 작은 낙원과도 같았다. 한밤중 우릴 소름 돋게 만들었던 무서운 산길은 낮에 만나니 따스한 햇살이 나무 사이사이로 내려오는, 한없이 평화로운 풍경이었다.

Info

세도나는 시내 구경만으로도 반나절이 훌쩍 간다. 우리는 아라벨라 호텔에서 한 밤을 자고, 벨락을 탐방했다. 국물 음식이 그립다면 타라 태국음식점의 똠양꿍 수프를 추천한다.

09

빛을 품은 도시 아비뇽

성석제, 백영옥 등이 쓴 여행소설집 『도시와 나』
7명의 작가가 아비뇽, 뉴욕, 도쿄, 브장송, 세비아,
로스앤젤레스, 튀니스를 배경으로 쓴 단편소설 모음집이다.
그중 성석제 작가는 아비뇽을 배경으로 삼아 소설을 썼다.
소설이라는 장르를 통해 표현된 여행이 신선하다.
어디로 가야 할지 망설여질 때 다시 펼쳐보면 좋은 책

　　프로방스에서 어린 시절을 보낸 맥스 스키너(러셀 크로우)는 자신을 키워준 헨리 삼촌의 유산을 정리하러 프로방스로 휴가를 떠난다. 그곳에서 페니(마리옹 꼬띠아르)에게 호감을 느끼고 데이트 신청을 하러 그녀가 일하는 레스토랑을 찾아간다. 그때 눈코 뜰 새 없이 바쁜 페니가 아비뇽에 가서 맥도날드 햄버거나 먹으라고 외친다. 영화『어느 멋진 순간』속 장면이다. 프로방스까지 가기 위해선 네덜란드 스키폴공항에서 꽤 긴 시간을 대기해야 했기 때문에 이 영화를 보며 시간을 죽였다. 화면에 담긴 프로방스의 풍경은 너무나 여유롭고 아름다웠는데, 여주인공의 입에서 '맥도날드'란 단어가 튀어나와 버린 것이다. '한적한 프로방스의 아비뇽'을 기대하며 여행길에 오른

나는 충격이었다. 아비뇽에서 사흘이나 머물기로 했는데……. 큰 기대 없이 아비뇽역에 내렸다.

과연 아비뇽에는 맥도날드가 있었다. H&M도 있고 까르푸도 있었다. 중심가에는 각종 쇼핑시설, 브랜드 상점이 줄 지어 있었다. 그러나 아비뇽에서 우리를 처음 맞이한 것은 맥도날드도 까르푸도 아니다. 성벽이었다. 중세시대 때 둘러진 성벽이 거의 완벽한 모습으로 남아 있었다. 성벽 안에는 오밀조밀 조성된 마을이 들어 있었다. 성벽문을 통과하니 마치 엄마 품에 폭 안긴 듯 아늑함이 밀려왔다.

먼저 아비뇽 교황청에 들어갔다. 크기와 장엄함에 놀랐다. 벽면에 그려져 있는 아름다운 벽화들에 두 번 놀랐다. 교황의 권력이 가장 약화된 시기에 지어진 건축물이라고 한다. 하지만 교황청을 둘러보니 '과연?' 의문이 들었다.

도시는 '아비뇽 유수'라는 역사로 유명하다. 프랑스 황제 필리프 4세가 당시 교황이었던 보니파시오 8세와 대립한다. 필리프 4세가 승기를 잡으며 교황청을 아비뇽으로 옮겨버렸다. 그리고 1309년부터 1377년까지 교황직을 프랑스인이 계승하도록 했다. 황제의 권력이 강력해지고, 교황권이 극도로 약화된 약 70년간의 기간이다. 최근에는 '아비뇽 유수 기간에 건축, 미술, 문화 등의 분야에서 눈부신 혁신과 발달이 있었다'는 견해로 이 시기를 재해

석하는 경향이 있다고 한다. 교황청을 직접 둘러보니 그러한 견해가 이해되었다. 물론 교황들이 이토록 두꺼운 벽 안에서 어떤 생활을 했을지 정확히 알지 못하지만.

아비뇽이 유명한 또 다른 이유. 바로 프랑스의 국민동요인 '아비뇽의 다리 위에서' 때문이다. 사실 나는 여행을 준비하면서 처음 접한 동요다. 노래에 나오는 아비뇽의 다리가 궁금해 다리 쪽으로 걸어갔다.

> 66
>
> 아비뇽 다리 위에서(Sur le pont d'Avignon)
> 우리는 춤을 추네, 우리는 춤을 추네(L'on y danse, l'on y danse)
> 아비뇽 다리 위에서(Sur le pont d'Avignon)
> 우리 모두 둥글게 원을 그리며 춤을 추네(L'on y danse tous en rond)
>
> 99

론강에 걸쳐진 아비뇽 다리의 정식명칭은 생 베네제교. 12세기에 지어진 이 다리는 홍수로 인해 끊겨버린 채 네개의 아치만 남아 있었다. "대단한 것은 없는데?"라며 다리의 끝까지 걸어가 보았다. 가장 끝에 서서 뒤를 돌아본 순간! 아비뇽 시내를 둘러싼 성벽과 그 위에 서서 마을을 굽어보고 있

는 성모 마리아상이 눈에 들어왔다. 마치 중세로 돌아가 서 있는 듯 환상에
사로잡혔다. 긴 스커트를 두른 사람들이 다리 위에서 춤을 추고 있는 모습이
눈 앞에 그려졌다. 비가 내려 론강의 물색은 황토빛을 띠었고 베이지색 성벽
과 은은하게 어울렸다. 상상과 풍경이 뒤섞인 모습을 그리고 있던 찰나, 성
당에서 정오를 알리는 종소리가 울려 퍼졌다. 중세 분위기에 더욱 흠뻑 젖어
들었다.

성석제 작가가 만난 천국을 우리도 만난 것 같다. 일요일의 아비뇽이었다. 우리 자매는 시차 적응에 실패하여 새벽 5시에 일어났다. 식당도, 상점도 문을 열기 전이라 성벽을 따라 산책을 하기로 했다. 아비뇽의 아침 햇살은 석양의 색감과 닮아 있었다. 따뜻하게 내리쬐는 아침 해가 그림자를 길게 늘이고 있었다. 마을 사람들은 아직 늦잠을 자고 있는 듯 고요했다. 한 발자국 한 발자국, 우리가 걷는 발자국마다 묻어나던 여유.

나와 동생은 사흘을 아비뇽에 있으며 한 차례 갑작스런 장대비를 만났다. 다른 사람들은 모두 상점 난간에 서서 비가 그치길 기다리고 있었다. 서둘러 호텔로 뛰어가는 사람은 나와 내 동생뿐. 모두들 우리를 쳐다보았다. 온몸이 흠뻑 다 젖었다. 방에 도착해서 우리는 서로의 모습을 보며 낄낄 웃었다. '무엇

다정한 여행의 배경

이 그리도 급해서 서둘러 왔을까? 프로방스에서도 버리지 못하는 조급증.

그리곤 언제 비가 왔냐는 듯 다시 따스한 햇살이 방긋. 언제 싸웠냐는 듯 금방 다시 가까워지는 오랜 친구처럼 아비뇽의 날씨는 뒤끝도 없이 밝은 얼굴을 내밀었다. 정말 정이 가는 도시다. 저녁놀이 지는 아비뇽 성벽은 따로 주황빛 조명을 켜놓은 듯 아름다웠다. 자연의 빛이었고, 프로방스의 햇살이었다.

여러 도시를 스쳐 지나가는 여행자이기 때문에 한 도시의 순간적인 모습만을 보고 판단하고, 비교하고 기억하기 마련. 일요일 아침의 빛, 저녁놀의 주황, 황토빛의 부드러운 순간들……. 아비뇽은 프로방스에서 가장 따뜻한 빛을 품은 도시였다.

Info

아비뇽 중앙역에서 걸어서 15분이면 아비뇽 교황청에 도착한다. 교황청에서 5분 정도 더 걸어 들어가면 생 베네제교를 만날 수 있다.

10

일본 | 오키나와 | 이리오모테섬

지로 가족이 살던 이리오모테섬의 오늘

오쿠다 히데오의 소설 『남쪽으로 튀어』
초등학생 지로는 누나와 여동생, 부모님과 도쿄에 살고 있다.
아버지는 세금을 내려고 하지 않고,
지로에게 굳이 학교에 나갈 필요가 없다고 말한다.
조금 유별난 아버지가 어느 날 국가의 '착취'를 피해
남쪽으로 떠나자고 한다

태풍 18호 차바 소식으로 아침부터 NHK 뉴스가 시끄러웠다. 오키나와 본섬의 학교들은 임시휴교 결정이 내려졌고, 59만 명의 주민에게 태풍 피난 준비를 권고한다는 속보가 들어왔다.

그러나 이시가키항구에서 이리오모테섬으로 향하는 배는 특별한 안내도 없이 출항했다. 다소 높은 파도에 배가 오르락내리락 했지만 하늘은 높고 파랗다. 인천공항에서부터 산더미 같이 짊어지고 온 태풍 걱정이 무색했다.

오키나와현 야에야마. 363개 섬으로 구성된 오키나와현에서 미야코지마보다 남쪽에 있는 섬들을 칭하는 명칭이다.

야에야마가 오키나와 본섬과 실제로 얼마나 멀리 떨어져 있는지 실감하는 순간이었다. 이리오모테섬은 오키나와 본섬으로부터 약 400킬로미터 떨어져 있다. 오히려 대만과의 거리는 200킬로미터 정도로 가깝다.

오쿠다 히데오 작품을 좋아하는 나는 소설 『남쪽으로 튀어』를 읽고 일본과 한국에서 제작된 영화를 모두 보았다. 청산도를 다녀오는 길에 굳이 대모도를 거쳐 나오는 배를 택했다. 먼발치에서나마 한국영화 『남쪽으로 튀어』의 촬영지인 대모도를 구경하고 싶어서였다. 그리고 꽤 오랜 기간 원작소설의 배경인 이리오모테섬 여행을 꿈에 그려왔다.

인천에서 오키나와 나하까지 2시간 15분, 나하에서 이시가키까지 다시 한 시간가량 비행기를 타고 들어가야 하고, 또다시 40~50분 배를 타고 나서야 다다를 수 있는 남쪽의 남쪽 이리오모테섬.

"

앞쪽으로 커다란 섬이 보였다.
금세 이리오모테섬이라는 것을 알았다.
오기 전에 지도를 봐 뒀기 때문이다.
"오빠, 어쩐지 무서워, 저 섬." 모모코가 말했다.
"뭐가 무서워?"
"건물도 없고 그냥 나무숲만 가득하잖아."
"아열대 정글이니까 당연하지."
무카이가 야생의 섬이라고 했었다.
이리오모테 고양이라는 희귀 동물도 사는 곳이다.

"

섬에는 전차는 물론 없고, 버스도 하루에 네 대만이 오간다. 섬 전체를 순환하는 도로도 없다. 자전거를 타고 여행을 해볼까도 생각했으나, 인터넷

에는 특정 숙박지에서 빌려준다는 이야기만 나와 있을 뿐 자전거대여점 정보를 찾기 어려웠다. 소설의 내용을 따라 움직이고 싶었지만 그렇게 하다간 뇌에 방향 센서가 달려 있지 않은 내가 이리오모테 고양이의 습격을 받을 것 같았다. 나중에 안 사실이지만 이리오모테 고양이는 야행성이어서 낮에는 쉽게 만날 수 없다고 한다.

소설 『남쪽으로 튀어』의 주인공은 초등학교 6학년생 지로다. 지로에겐 학생운동을 하다가 아나키스트가 된 아버지와 그의 영원한 팬인 어머니가 있다. 아버지는 어느 날 가족들에게 '오키나와로 떠나자'고 주장한다.

나는 아쉽지만 현지 여행사의 투어를 예약했다. 카누, 트레킹, 등산, 스노클링 등 레포츠를 즐길 수 있는 상품이 있었으나, 버스를 타고 '시라하마항구'까지 가는 일정이 포함된 상품으로 신청했다. 이유는 하나였다. 시라하마항구는 지로의 가족들이 이리오모테섬으로 들어가는 입구가 되기 때문이다. 이시가키에서 출발하는 페리는 보통 오하라 혹은 우에하라항구에 정박한다. 소설에 나온 시라하마항구는 이미 없어진 줄 알았다. 그러나 다행히 아직 남아 있다는 사실이 반가웠고, 어떤 모습을 하고 있을지 궁금했다.

내가 신청한 투어는 우선 배를 타고 맹그로브 숲을 구경한다. 그리고 물소를 타고 유부지마라는 섬에 들어갔다가 제공되는 도시락을 먹는다. 그 다음엔 호시즈나라는 해변에서 자유시간을 보낸 후 시라하마항구를 찍고 다시 이시가키행 페리를 타는 하루 코스였다. 투어 가격은 12,900엔. 장비가 필요한 일정도 아닌데 다소 비싸단 생각도 들었지만, 시라하마를 가기 때문에 과감히 지불했다. 얼굴을 까맣게 태운 젊은 가이드는 투어 참가자들 대부분이 중국어로 이야기하고 있는 상황에 조금 당황한 듯 했다. "제가 일본어밖에 못해서 제 이야기를 몇 분이나 이해하실지는 모르겠으나……." 라며 이리오모테섬에 대해 설명을 시작했다.

바닷물 위에 사는 맹그로브 나무는 호주에서도 만난 적이 있어 친숙했다. 이리오모테에서는 어디에서든 맹그로브를 쉽게 볼 수 있었는데, 내가 참가한 투어의 맹그로브 코스는 나카마강을 거슬러 올라가는 일정이었다. 일본 최대 맹그로브 숲이 있다는 이곳은 일본의 천연기념물로 지정되어 있다. 백로 다섯 마리가 모델로 고용되어 있는 것처럼 앉아 있었다. 갈 때도 올 때도 같은 자리, 같은 포즈. 모형은 아니겠지?

맹그로브 나무마다 노란색 잎이 몇 개씩 붙어 있었다. 앞에 앉은 할머니가 "단풍이 들기 시작하는구나"라고 하자마자, "노란 잎은 염분을 한데 모아 배출해주는 중요한 역할을 한다"는 가이드의 설명이 이어졌다. 가이드의 유창한 설명을 들으며 '고향을 버리지 않고 열심히 살아가고 있는 이리오모테 청년이구나!'라고 생각했다. 섬에는 2,300여 명이 살고 있는데, 이중 70퍼센트가 이주민이라고 한다. 사실 가이드도 홋카이도 삿포로 출신이란다. 고향을 사랑한 이리오모테 청년에 대한 나의 허상이 민망해졌다.

두 번째 일정인 유부지마까지는 물소를 타고 건너야 했다. 물의 깊이를 보니 발목 정도밖에 안 되어 보이는데, 굳이 물소를 타고 건너야 하는 이유는 알 수 없었다. 야에야마 지역에서 물소를 교통수단으로 이용했던 전통이 있었던 것 같긴 하지만……. 내가 탄 우차는 1998년에 태어났다고 하는 신타로가 끌었다. 신타로의 불끈불끈 치솟는 등근육이 애달팠다.

섬에 들어가니 '오리 토리'라는 웰컴 인사를 건네며 꽃을 목에 걸어주었다. 그리곤 놀이공원처럼 두 장의 사진을 찍은 후 사진판매를 했다. 1969년 태풍으로 인하여 유부지마 전체가 수몰되었고, 지금은 이처럼 놀이공원

같은 관광지가 되어 있는 것이다. 슬픈 역사 위에 상업적인 물감을 두텁게 칠해둔 것 같아 씁쓸했다. 이리오모테섬 투어는 볼거리는 한정되어 있었지만 생각할 거리는 무궁무진했다.

별 모양의 모래가 있다는 호시즈나 해변에서 바닷물에 발을 잠시 담근 후, 드디어 고대하던 시라하마항구로 갔다. 시라하마항구는 이리오모테섬의 유일한 도로가 끝나는 지점이기도 하다. 항구 시간표를 보니, 후나우키와 시라하마를 오가는 배가 있었다. 후나우키도 이리오모테섬 내 지명이다. 도로가 끊긴 이곳에서부터는 배로 이동을 해야 하는 것이다. 소설 속 후나우키에는 지로의 집에 잠시 머문 아저씨 아키라가 지로에게 물려준 배가 정박해 있다.

이리오모테는 몇 해 동안 가보고 싶어 꿈에 그리던 섬이었다. 소설에 그려진 것처럼 아무것도 없는 섬이 보고 싶었다. 곧 무너질 것 같은, 전기조차 들어오지 않는 지로 가족의 집을 찾고 싶었다. 전교생이 열 명도 되지 않는 아이들은 어떤 표정을 지으며 학교생활을 하고 있을까 궁금했다. 이곳의 말로 떠드는 노인들을 만나보고 싶었다.

소설과 닮은 부분은 투명하고 아름다운 물빛, 숲이 뿜어내는 맛있는 공기 정도였다. 그 외에는 소설에서 묘사된 배경을 만나지 못했다. 어쩌면 나는 이 여행을 통해 소설의 뒷이야기, 속편을 읽어버린 것일 수도 있겠다. 케이티 개발은 지로 가족이 살고 있는 이리오모테섬에 들어가 섬의 신성한 장소인 우타키를 없애고 리조트 호텔 건설을 감행하려 한다. 그에 맞서던 지로의 아버지는 결국 자본으로부터 이 섬을 지켜내지 못했다. 내가 본 이리오모테는 지로의 아버지가 다른 섬으로 떠난 이후의 장면일 것이다.

Info

이시가키섬 항구에는 이리오모테섬 투어상품을 파는 여행사가 모여 있다. 맹그로브 숲 탐방, 유부지마섬 관광, 카누 체험, 정글 트레킹, 스노클링 등 다양한 프로그램이 마련되어 있다.

11

숲의 시계는 천천히 시간을 새긴다

니노미야 카즈나리 주연의 드라마 『다정한 시간』
어머니의 죽음을 계기로 인연을 끊은 아버지와 아들이
화해해가는 과정을 담은 드라마.
가을에서 겨울, 겨울에서 봄을 향해 가는
시간 속 홋카이도를 배경으로 한다.
배경에 집중하시길!

따뜻하고 고요한 분위기 가운데, 드라마의 주제곡이 흐르고 있었고 밖은 설원이었다.

홋카이도 여행을 준비하며 『다정한 시간』이라는 일본 드라마를 만났다. 그리고 드라마의 배경이 된 카페가 여전히 남아 있단 사실을 알게 되었다.

남자 주인공 다쿠로에게는 아버지 와쿠이 유키치와 다정한 어머니가 있다. 아버지는 뉴욕지사에서 근무하여 늘 집을 떠나 있었고, 어머니 혼자 다쿠로를 키웠다. 다쿠로는 어떤 사정에 의해 폭주족이 된다. 다쿠로의 비행을 만류하려던 어머니는 갑작스럽게 자동차 사고를 당하는 바람에 세상을 떠났다. 어머니가 타고 있던 그 자동차의 핸들을 바로 아들 다쿠로가 잡고 있었다. 장례식을 마친 후 아버지는 다쿠로에게 '연을 끊자' 하고 자신은 아내의 고향 후라노에 정착하여 카페를 연다. 다쿠로는 아버지의 카페에서 얼마 떨어지지 않은 비에이 도자기 공방에서 일을 배운다.

사실 드라마는 아버지와 아들의 관계 회복 외엔 굵직한 사건 없이 흘러간다. 동네 사람들이 모여 커피를 즐기고 담소를 나누는 장면이 많은 시간을 차지하고 있다. 조금 엉성하고 지루한 이야기지만 영상에 담긴 홋카이도

다정한 여행의 배경

의 겨울풍경은 너무나도 아름다웠다.

『다정한 시간』속 장면 같은 풍경을 보고 싶었지만 겨울이 미처 오기 전에 휴가가 생겨버렸다. 11월의 홋카이도는 풀도 거뭇거뭇해지고, 비가 많다고 하여 기대 없이 떠나기로 했다. 그리고 여행의 사흘째, 예보에 없던 눈이 내리기 시작했다. 조금 내리다가 거리의 검은 때로 인해 지저분하게 변해버리는 눈이 아니었다. 펑펑 쏟아지던 흰 눈은 마을 전체를 하얗게 지우고 있었다. 그런 날에 와쿠이의 카페 '숲의 시계(모리노 토케이)'에 들어섰다.

벌써 10년 전에 종영한 드라마지만, 카페 모습은 드라마 장면 속 그대로였다. 드라마의 스토리가 여전히 그 공간에서 이어지고 있는 듯했다. 아버지 와쿠이와 아들 다쿠로는 이제 서로 화해를 했을까. 와쿠이의 가게에서 일하던 아즈사와 다쿠로의 풋풋한 사랑은 결실을 맺었을까.

식사시간을 피해 간 덕분에 손님이 한 명도 없었다. 카운터 자리에 앉을까 홀에 앉을까 고민하다 홀 구석에 자리를 잡았다. 점심메뉴는 드라마에도 등장하는 '숲의 카레'와 '눈의 스튜'. 일본식 카레는 한국에서도 쉽게 맛볼 수 있지만 밥과 함께 먹는 스튜를 파는 가게는 드물어서 스튜를 먹어보기로 했다. 버섯은 갓이 탱탱하여 식감이 좋았고, 거기에 간이 잘 밴 장아찌를 곁들이니 느끼하지 않고 조화로웠다. 후식으로 브랜드 커피를 주문했다. 향도 맛도 진했다. 드라마에 등장했던 커피잔과 똑같은 잔에 담겨 나왔다. 와쿠이의 카페는 '핸드밀'이란 메뉴가 특징이다. 손님에게 커피콩을 직접 갈게 하고 그 커피가루로 커피를 만들어준다. 나는 홀에 앉아 있던 탓인지, 혹은 그런 메뉴는 번거로워 없어진 것인지 모르겠지만 콩을 직접 갈아볼 기회를 얻지는 못했다.

한창 향긋한 커피향을 즐기고 있을 때, 갑자기 고요한 분위기를 깨며 한 무리의 대가족이 카페 안으로 들어왔다. 아이들까지 데리고 어떻게 숲 속 카페까지 찾아왔을까 싶겠지만 사실 이곳은 한 호텔 부지 안에 있다. 호텔 주차장에서 6~7분 정도 숲길을 따라 걸어 들어가면 만날 수 있다. 가는 길과 카페 건물 주변은 자연 그대로의 모습이다. 아무도 없는 깊은 숲 속에 몰래 숨어 있는 것 같지만 사실은 손님이 꽤 많은 카페다. 정적이 깨져 잠시 짜증이 났지만, 그 가족을 필두로 손님 여러 명이 더 들어와 카페에 활기가 돌기 시작했다. 사람들의 이야기 소리가 어우러져 홀로 있을 때와 다르게 따뜻한 분위기가 감돌았다. 미리 맞이하는 크리스마스 풍경 같기도 했다. 조금만 더 스며들어 있기로 했다.

『다정한 시간』 6화에는 시계 회사에서 근무하는 한 손님이 아들과 함께 등장한다. 카페 이름을 보곤, 자신의 회사 이야기를 시작한다. 회사에서 한때 '일 년에 한 바퀴를 도는 숲의 시계' 제작을 시도해 보았지만 실패했다고 말한다. 시간을 더욱더 촘촘하게 세분화시키는 일보다 천천히 도는 시계를 만드는 것이 훨씬 어려웠다는 것이다. 사람의 시간은 점점 빨라지고 쪼개지기 때문에 '느리게 흘러가는 시간을 사고하기란 어려워진 것이 아닐까' 라며……

카페 한쪽에는 아래와 같은 문구가 담긴 액자가 걸려 있었다.

"

숲의 시계는 천천히 시간을 새긴다.
(森の時計はゆっくり時を刻む)

"

숲의 시계에서 잠시나마 천천히 흘러가는 겨울의 시간을 새겼다. 커피까지 모두 마시고 묵직한 나무문을 열고 나오니 다시 새하얀 눈이 뒤덮인 숲길이 이어졌다. 쉬~이 소리를 내는 바람이 마중을 나왔다. 바람이 불 때마다 눈의 입자들이 숲길 사방으로 흩날렸다.

Info

카페 '숲의 시계'는 신 후라노 프린스 호텔 주차장에서 도보로 약 6~7분 거리에 위치해 있다. 식사 메뉴인 카레와 스튜도 맛이 좋고, 케이크도 있어 커피와 함께 즐길 수 있다.

12

영국 | 바스 | 풀터니 다리

자베르의 숨결을 느끼다

휴 잭맨과 러셀 크로우 주연의 영화 『레 미제라블』
빵 한 조각을 훔쳐 19년간 감옥살이를 하고 나온 장 발장은
미리엘 주교에게 구원을 받는다. 그 후 자신의 정체를 숨기고 재산을 모아
시장의 자리까지 오르게 된다. 장 발장의 과거를 알고 있는
경감 자베르는 끈질기게 장 발장의 뒤를 쫓아다닌다.
너무 두꺼워 다 읽지 못한 원작을 다시 펼치게 만드는 영화.

『레 미제라블』에서 내가 가장 좋아하는 인물은 자베르 경감이다. 특히 2012년에 개봉한 뮤지컬 영화에서 러셀 크로우가 연기한 자베르 경감은 최고였다. 많은 사람들이 러셀 크로우는 미스 캐스트였다고 하는데, 아직도 나는 그 이유를 모르겠다. 왜 자베르를 좋아하는가 묻는다면……. 자베르 역시 장 발장과 다를 바 없던 미천한 가정에서 태어나 성장했음에도 자신만의 견고한 신념에 의해 살아간 모습에 경외를 느꼈기 때문에! 혹은 자살로 생을 마감할 수밖에 없었던 감정이 너무나 이해되기 때문에! 그럼에도 그의 죽음이 헛헛해서! 좋아하는 이유를 수려한 문장에 담아낼 수 없음이 답답할 뿐이다.

영화에서 러셀 크로우가 단독으로 노래한 두 장면. 자베르 경감이 별을 보며 장 발장을 꼭 체포하겠다는 의지를 다지는 신(곡명: 별)과, 평생 적으로 살아온 장 발장이 자신의 목숨을 구해주자, 결국 자살의 길을 택하는 신(곡명: 자베르의 자살)은 충격적이고 감동이었다. 영화를 보고 나와 책을 펼쳐 이 부분을 찾아서 다시 읽고, OST를 무한 반복으로 들었다.

이미 가본 영국을 '다시 갈 필요가 있을까' 꽤 망설였다. 이 망설임을 종결시킨 것은 런던의 근교 도시 바스였다. 영화에서 자베르 경감의 자살 장

면이 촬영된 다리가 바로 바스에 있다는 사실을 알게 되었기 때문이다.

바스는 런던에서 약 180킬로미터 정도 떨어진 도시로, 기차를 타면 1시간 반 정도 걸린다. 2천 년 전에 만들어진 로마시대 유적이 남아 있어 1987년에 도시 전체가 유네스코 세계문화유산으로 지정되었다. 특히 로마인들이 만든 온천이 유명한데, 온천의 효능이 18세기 영국 상류층 사이에서 인기를 끌기 시작하며 오랜 기간 휴양도시로 사랑받아 왔다고 한다.

역에 내려 인포메이션센터에서 지도를 사고, 로만 바스 박물관 쪽으로 걸어갔다. 멀리서부터 희미하게 들려오던 음악 소리가 한 걸음 한 걸음 내디딜 때마다 가까워졌다. 화창한 날씨와 도시 전반에 넘치는 활기, 그에 걸맞은 아름다운 음악 선율까지. 그 순간이 너무나도 감격스러워서 휴대폰으로 비디오까지 찍어두었다. 순간을 잊고 싶지 않았다.

로만 바스 박물관에 보존되어 있는 로마인들의 온천은 기묘한 초록색을 띠고 있었다. 얼마 전 큰맘 먹고 구매한 132개 색이 든 색연필을 떠올리며, '이 색도 들어 있을까' 생각해내는 일이 행복했다.

온천에서 나와 바스의 또 다른 아름다운 명소 로열 크레센트까지 걸어 갔다. 내부에 들어가 보진 않았고, 밖에서 구경했다. 30채의 집을 초승달 모양으로 연결한 연립주택이다. 건물의 외양도 인상 깊었지만 그 앞에 펼쳐져 있던 광장 그리고 푸른 잔디에 앉아 광합성(?)을 하던 사람들, 그 편안한 풍경이 좋았다.

주인공은 나중에 등장하는 법. 마지막 여정으로, 가장 가보고 싶던 자베르 경감의 자살신을 촬영한 풀터니 다리로 향했다. 에이번 강 위에 걸쳐 있는 풀터니 다리는 1774년에 완공되었다. 영화에서 자베르 경감이 떨어진 '보'는 홍수 방지를 위해 비교적 최근(1968년과 1972년)에 현재와 같은 모습으로 보수된 것이라고 한다.

자베르가 어떤 풍경을 생애 마지막으로 내려다봤을까 궁금했다. 다리 위에 있는 카페에 들어가 창가에 앉았다. 창밖은 자베르가 몸을 던진 풍경이다. 한낮이기도 하고 주변 분위기도 평화로워서 영화 장면만큼 아찔하진 않았다. 영화에서 긴장감이 매우 고조되는 장면 중 하나였는데, 보 한가운데만 집중해서 보고 있으니 유속은 매우 빨라 보였다.

이상하게도 바스를 걷는 내내, 무라카미 하루키가 머릿속에서 맴돌았다. 이유가 뭘까 도무지 떠오르지 않아 답답했다. 한국에 돌아오자마자 집도

풀지 않고 이 답답함의 열쇠를 찾아보았다. 열쇠는 하루키의 여행기를 묶은
에세이집 『먼 북소리』 안에 있었다.

런던에 있는 동안에 딱 한 번 짧은 여행을 했다.
드디어 소설이 완성되었으므로 기뻐서 여행에 나선 것이다.
패딩턴역에서 두 시간 정도 기차를 타고
바스라는 온천 마을로 갔다.
(… 중략…)
그렇지만 이 여행은 매우 즐거웠다.
무엇보다 소설을 다 썼다는 해방감을 느낄 수 있었고,
드물게 매우 날씨가 좋았다.
그리고 때는 바야흐로 봄이었다.

– 『먼 북소리』 중에서

나의 여행 역시 영국에서는 드물게 날씨가 무척이나 좋았다.

그리고 때는 바야흐로 가을이었다.

바스는 로만 바스 박물관, 풀터니 다리, 로열 크레센트 등의 명소가 도보로 15분 내에 위치해 있어 별다른 교통수단 없이 여행이 가능하다. 『오만과 편견』의 작가 제인 오스틴의 문학관인 제인 오스틴 센터도 가볼 만하다.

13

영화 같은 풍경을 뒤로하고 현실을 마주하다

여명과 장만옥 주연의 『소살리토』
홍콩영화 '첨밀밀' 시리즈의 세 번째
천재 프로그래머 마이크와 택시 운전사 엘렌의 사랑이야기
막연히 알고 있던 '캘리포니아 드림'을
눈으로 확인해 볼 수 있는 영화

　　늦은 밤 샌프란시스코의 한 클럽에서 마이크(여명)와 엘렌(장만옥)이 만난다. 엘렌은 아들 스콧을 홀로 키우며 택시운전으로 생계를 이어가고 있다. 한때는 촉망받던 화가였지만 먹고살기 위해 꿈은 잠시 접어두었다. 가끔 벽화를 그린다. 벽화의 소재는 늘 캘리포니아의 작은 마을 소살리토 풍경. 술집에서 나와 택시에서 쉬고 있던 엘렌 곁에 마이크가 다짜고짜 들어와 앉았다. 마이크는 전조등을 켜서 벽화에 비춘다.

66

마이크 : 아주 잘 그렸어.

엘렌 : 소살리토죠.

마이크 : 뭘 보고?

엘렌 : 거기 맞아요.

마이크 : 그래? 난 아닌 것 같은데

다정한 여행의 배경

엘렌 : 내가 그렸으니 알죠.

저곳 풍경 하나는 알아주죠.

마이크 : 거기 살아요?

엘렌 : 아직은 가난해서.

마이크 : 살다보면… 가게 되겠죠.

"

벽화는 둘의 두 번째 만남에도 등장한다. 마이크는 클럽에서 다른 남자와 나간 엘렌을 벽화 앞에서 기다린다. 개봉한 지 오래된 영화라 벽화는 당연 남아 있지 않겠지만, 소살리토는 엘렌이 그린 벽화 모습 그대로 남아 있을 것 같았다.

도시 여행을 좋아하지 않음에도 샌프란시스코에서 이틀이란 시간을 보내기로 한 것은 오로지 영화『소살리토』때문이었다. 꽤 오래전에 처음 보았고, 여명과 장만옥이 그리울 때마다 서너 번은 더 보았다. 소살리토 여행의 기대감은 수년간 부풀대로 부풀어 오른 상태였다.

은퇴 후 살고 싶은 도시 중 하나라고 하는 소살리토에는 약 7천여 명이 살고 있다. 샌프란시스코 시내에서 금문교만 건너면 바로 만나볼 수 있는 작은 예술마을. 영화의 첫 장면에도 금문교의 모습이 담겼다. 마을의 이름은 스페인어 'Sauzalito'에서 유래했다고 하는데 '풍요로운 땅'이란 뜻을 지녔다. 파란 바다를 앞에 두고 초록빛 언덕 위에 듬성듬성 집들이 놓여 있다. 유독 푸른 빛을 띠는 집들이 많다. 생각해 보니 영화『소살리토』도 파랑을 참 아름답게 담은 작품이다. 엘렌이 그리는 그림은 늘 푸르렀고, 마이크와 엘렌이 덮은 이불도 짙은 남색과 하늘색의 배색이 인상적이었다. 둘이 함께 지내기로 한 새하얀 집 뒤에 깔린 하늘은 눈이 시리도록 푸르렀다.

우리 가족은 시내에서 소살리토행 페리를 타러 항구로 갔다. 스케줄이

드문드문 있어 다음 편까지 오래 기다려야 했다. 어쩔 수 없이 우버 택시를 불렀다. 차를 타고 가니 소살리토의 주택을 가까이서 볼 수 있었다. 주택 사이사이를 지나 다운타운으로 내려가는 길이었다. 구석구석 예쁜 집이 참 많았다. 샌프란시스코 시내의 집들이 대부분 다닥다닥 붙어 있던 것을 생각하면 왜 소살리토가 은퇴 후 살고 싶은 곳인지 그 이유를 알 것도 같았다. 휴대폰도 잘 터지지 않아 우버 기사는 길을 여러 차례 잘못 들어섰다. 같은 동아시아인의 얼굴을 하고 있던 그는 초행길인지 꽤나 당황하여 꼬불꼬불한 산길에서 후진과 유턴을 몇 번이고 반복했다.

멀미 끝에 도착한 소살리토 다운타운은 굉장히 붐볐다. 샌프란시스코 다운타운만 해도 일요일이라서 그랬는지 쇼핑을 나온 주민들과 관광객이 적당히 뒤섞여 그래도 '생활의 향기'가 났다. 다채로움이 매력인 샌프란시스코만의 고유한 분위기가 충만했던 것이다. 그러나 소살리토는 오로지 관광객들만으로 붐볐다. 카페와 기념품 가게도 어딜 가나 있는 그저 흔하디 흔한 관광지 모습과 다름없어 보였다. 아무래도 소살리토 다운타운의 기억은 금세 휘발될 것 같다. 여느 도시의 특색 없는 관광지와 기억이 뒤섞여버리고 말테니까. 심지어 한국어가 쓰여 있는 단체 관광버스도 이곳에서 만났다. 고유한 향기가 나지 않으면 그것이 무엇이든 매력이 시들고 만다.

마이크는 자신이 조폭이라고 엘렌에게 거짓말을 한다. 순수하게 믿었

다가 우스꽝스러운 상황을 맞게 된 엘렌은 마이크를 더 이상 만나지 않으려 한다. 둘이 멀어진 시기 엘렌은 혼자 금문교를 건너 소살리토에 가서 그곳을 한없이 바라봤다. 갈망과 쓸쓸함이 교차되는 눈빛으로. 엘렌이 앉아 있는 곳은 베이 브리지 길이다. 우리도 그 길을 따라 산책했다. 장만옥과 같이 앉아 있어 보고 싶었지만, 어디든 관광객들로 가득 차 있었다. 풍경이 특히 아름다운 곳은 엉덩이를 들이밀고 앉아볼 틈조차 없었다.

영화에선 소살리토 풍경이 자주 등장하지 않는다. 오히려 벽화에 주로 등장한다. 엘렌과 마이크가 함께 생활한 하얀색 집도 소살리토 맞은편 동네인 오클랜드. 소살리토를 쉽게 얻기 힘든 이상향, 꿈의 공간으로 담아낸 것이다. 오클랜드에서 함께 지내게 된 엘렌과 마이크는 행복하기도 했고, 질투하기도 했고, 실망하고 싸우기도 했다. 그들의 숱한 감정들이 뒤섞인 집은 여전히 남아 있다고 한다. 다음에 올 땐 그곳에 꼭 가봐야지.

사람 많은 소살리토에서 식사를 한다는 것은 무모한 일 같아 보여서, 에스프레소와 아이스크림을 간식으로 간단히 먹고 저녁식사는 잠시 미뤄두었다. 아이스크림 가게에도 긴 줄이 늘어서 있었기 때문에 겨우 잡은 테이블에 여유롭게 앉아 있기도 어려웠다.

나는 소살리토에서 여행을 즐기기보단 엘렌이 꿈꾼 그곳의 삶을 보고 싶었는지 모르겠다. 나의 소살리토 여행은 영화에서 엘렌이 벽에 그려낸 꿈과 현실의 괴리. 그것과 닮아 있었다.

소살리토를 나오는 페리의 갑판 위에 서서 시원하게 몰아치는 바닷바람을 맞으며 생각했다.

'여행이야 말로 꿈이지.'

Info

샌프란시스코 페리 빌딩 혹은 피어 41에 가면 소살리토행 페리에 탑승할 수 있다.

풍경은 이미 한 폭의 그림으로 완성되어 있었다

김화영 산문집 『여름의 묘약』

문학평론가이자 불문학자인 작가가 만난
프로방스의 여름 이야기.
김화영 교수가 직접 번역한 알베르 카뮈, 장 그르니에,
마르셀 프루스트 등의 작품과 관련된 명소를 여행했다.
읽고 나면 싱그러운 기분이 온몸에 스민다

풍경은 이미 한 폭의 그림으로 완성되어 있었다.

그 완성작을 세잔이 화폭에 옮겨 담았을 뿐.

프랑스 엑상프로방스 여행길에 오르며 에밀 졸라의 소설 『나나』를 챙겼다. 소설가 에밀 졸라는 화가 폴 세잔의 절친한 친구다. 둘은 어린 시절을 엑상프로방스에서 함께 보냈다. 성인이 되어서도 졸라가 세잔을 파리로 불러 미술공부를 하는 데 도움을 주기도 했고, 지속적으로 편지를 주고받으며 예술적 교감을 나누었다.

마르세유에서 북쪽으로 약 28킬로미터 떨어진 도시 엑상프로방스. 줄여서 '엑스'라고 부른다. 두 명의 위대한 예술가를 낳은 도시는 어떤 얼굴을 하고 있을까 궁금했다. 기차 안에서 '졸라의 작품을 읽으면서 미리 엑스를 그려보자'며 『나나』를 펼친 순간.

이런……

소설 『나나』의 배경은 파리였다. 나의 무지몽매함을 탓하며 엑상프로방스역에 내렸다. 부드러운 기운이 맴도는 도시는 첫인상부터 만족스럽다. 노란색 건물들이 한낮의 햇살을 받아 따뜻한 색을 내뿜고 있었다. 번화가 입구에 있는 드골광장이 하늘의 빛깔과 눈부신 조화를 이루고 있었다. 엑스의

하늘빛은 다른 남프랑스 해변도시들의 하늘과는 조금 달라 보였다. 선명하기보다 파스텔톤의 물빛을 내고 있어서 노란색 건물과 참 잘 어울리는 빛깔이었다. 미술가에게 사랑받을 만한 곳임은 분명하다. 관광객이 많이 찾는 도시답게 인포메이션센터가 잘 되어 있었다. 센터 직원의 친절한 설명을 듣고 여행을 시작했다.

제일 먼저 만나본 엑스의 메인 스트리트인 미라보 거리에는 크리스마스 주간에 열리는 시장, 마르셰 드 노엘이 열려 있다. 상통인형[1]을 비롯하여 군침을 돌게 하는 와플, 크레페, 컵케이크 등을 팔고 있었다. 러시아 인형, 비누, 장식품, 심지어 불상까지 종류도 다양했다. 그런데 파는 사람은 많고 사는 사람은 많지 않아 보였다. 구 시가지 안쪽 골목으로 진입하니, 프랑스의 느낌이 물씬 났다. 물론 프랑스 여행을 시작한 지 이틀째. 무엇이 프랑스의 느낌인지 정확히 알진 못했지만.

---

1) 성경 속 인물이나 프로방스 삶의 모습을 인형으로 만든 것

세잔이 궁금해서 오른 여행길이므로 상점들의 아기자기한 유혹을 뿌리치고 세잔의 아뜰리에로 향했다. 언덕 위에 있어 10~15분 정도 걸어 올라가는데 문득 이곳이 서울의 북악 스카이웨이를 닮았다는 생각이 들었다. 뜬금없게도.

세잔은 유복한 가정에서 태어났다. 은행가였던 아버지는 아들도 은행가가 되길 원했지만, 아버지의 뜻을 거스르고 화가의 길을 택했다. 때문에 궁핍한 젊은 시절을 보내야 했다. 아버지의 심기를 해칠까 부인과 아들을 숨기기도 했고, 아버지로부터 생활비가 끊길까 늘 전전긍긍했다.

엑스 북쪽 언덕에 위치한 아뜰리에에는 세잔이 아버지의 유산을 물려받고 한참 뒤인, 1902년에 직접 설계하여 지은 건물이라고 한다. 꽤 높은 언덕 위에 세워져 있어 도시를 조망하며 조용히 그림을 그리기에 좋은 장소였다. 세잔 인생의 마지막 4년을 보낸 장소. 이층 방 한쪽 벽면 전체를 커다란 유리

창이 채우고 있었다. 덕분에 프로방스의 온화한 햇빛이 방안으로 듬뿍 들어
왔다. 큰 사다리, 사과, 와인잔 등 세잔이 정물의 대상으로 삼았던 갖가지 소
품들이 마치 아직도 사용되고 있는 듯 어질러져 있었다. 어질러진 내부는 사
진촬영이 불가능했다.

아뜰리에 앞에는 세잔이 직접 밟아 다졌을 작은 숲길이 있었다. 헝클
어진 수풀 사이로 수줍게 얼굴을 내민 작은 열매들도 만날 수 있었다. 숲 속
에서 세잔이 투덜투덜 바지의 흙을 털면서 나올 것만 같아 두근거렸다.

혹자는 언덕을 오르는 품, 비싼 입장료에 비해 볼 것이 없다고 한다.
그러나 나는 미술관에서 세잔의 작품 몇 장을 보는 것보다 이곳이 더 마음
에 들었다. '갑자기 문을 쾅 닫아 고요해진 방 안에 들어온 듯' 관광객들로 북
적대던 구 시가지에서 멀어져 고요함을 얻었고, 유명 화가 세잔이 아닌 옆집
할아버지 같은 친숙한 세잔을 알게 된 것만으로도 만족스러웠다.

세잔은 1906년에 이곳에서 폐렴으로 세상을 떠나게 된다. 4년 전에 친
구 에밀 졸라를 먼저 하늘나라로 떠나보낸 후였다. 사실 그보다도 한참 전인
1886년에 졸라가 세잔을 모델로 한 소설『작품』을 발표하면서 둘은 의절했다.
『작품』은 야망을 갖고 있던 화가가 자살로 생을 마감한다는 내용의 소설. 사회
문제에 참여하지 않는 세잔에게 불만을 갖고 있던 졸라가 우회적으로 세잔을
비난한 작품이다. 세잔은 빈정거림이 섞인 편지를 졸라에게 보냈다고 한다.

자화상에서 풍겨오는 인상에서도 짐작할 수 있듯, 세잔은 자신을 날선 성격 안에 가두고 살아간 듯하다. 그가 아뜰리에에서 어린 시절 함께 예술가의 꿈을 꾸어온 친구의 사망 소식을 접하고 겪었을 극심한 고독과 쓸쓸함을 상상해 보았다. 떠나야 하는 여행자의 마음이 더욱 공허해졌다. 아뜰리에에서 내려와 미라보 거리에서 아이스크림을 하나 사 먹고 있는데, 길가에 계속해서 눈에 익은 인물의 포스터가 눈에 밟혔다.

카뮈다!

그리고 보니, 알베르 카뮈 탄생 100주년이라는 기사를 한국에서 얼핏 보았던 것 같다. 의외로 매우 가까운 곳에서 '카뮈: 세계시민'이라는 전시회가 열리고 있었다. 전시회가 열리고 있던 곳은 엑스의 '책마을'. 본래 성냥공장이 있었던 이곳엔 1989년에 옮겨온 시립도서관이 있고, 관련 협회들이 모

여 책 커뮤니티를 형성하고 있다고 한다.

전시관에서 카뮈의 사진(그는 언제 봐도 굉장한 미남이다), 친필 편지와 메모(그는 글씨도 잘 썼다) 등을 볼 수 있었다. 그의 작품이라고는 『이방인』밖에 읽어보지 못했지만, 카뮈를 작품이 아닌 사진과 편지로 만나는 것은 특별했다. 괜히 공적 관계였던 사람과 사적인 친분을 나눈 듯한 느낌이 들었다. 세잔을 만나러 갔다가 카뮈까지 만났다!

엑상프로방스는 이미 완성된 작품이었다.

Info

엑상프로방스역에서 내려 세잔의 아뜰리에는 걸어서 30분, 책마을은 10분 거리에 있다. 세잔의 아뜰리에로 향하는 길에 있는 소뵈르 성당도 근사하다.

15

미국 | 66번도로 | 셀리그먼

66번 도로를 추억하다

존 스타인벡의 소설 『분노의 포도』
1930년대 미국, 자본에 땅을 빼앗긴 농부 일가의 이야기다.
조드 가족은 66번 도로를 타고 기회의 땅이라고 불리는
캘리포니아로 향한다. 고난한 여정 끝에 희망이 있으리라 기대했지만
캘리포니아의 현실도 가혹했다.
지금도 그때와 크게 다르지 않다는 사실이 더욱 서글프게 만든다.

미국 여행을 마치고 돌아와 티셔츠를 한 장 선물 받았다. '루트 66'에서 영감을 얻어 디자인한 것이라고 한다. 66번 도로다! 미국 여행에서 우리 가족이 '양념'이라 부른 그 여정. 반가웠다.

66번 도로는 미국 최초로 동서(일리노이주 시카고에서 캘리포니아주 산타모니카까지)를 이은 도로다. 현재 지도상에선 없어진 길이지만, 일부 구간은 다른 이름으로 여전히 남아 있다. 미국 역사에서 매우 중요했고 상징적인 도로여서, 길 위에 있던 몇 개 마을은 사라져 버린 66번 도로를 추억하며 옛 풍경을 재현해두었다.

미국 가족여행은 내가 전체 일정을 계획했다. 부모님의 체력이 걱정되어 여행의 막바지 일정은 다소 느슨하게 잡아두었다. 그 탓에 반나절의 시간이 비어버렸다. 그때 여동생이 급히 검색하여 알아낸 정보가 66번 도로였다.

"언니, 미국에선 유명한 도로인가 봐. 소설『분노의 포도』의 배경이라고 하는데?"

『분노의 포도』에는 1930년대 미국 경제공황기의 어느 농부 일가가 주인공으로 등장한다. 미국 중남부에 위치한 오클라호마에서 소작농으로 생활하던 조드 가족은 모래바람을 만나 농사를 망치고, 은행과 대지주에게 땅을 빼앗겨 고향을 떠나야 하는 상황에 처한다. 그들은 인부를 많이 구한다는 전단지만 믿고 '젖과 꿀이 흐른다는 축복의 땅' 캘리포니아로 떠난다. 66번 도로를 달려서. 존 스타인벡은 이 작품에서 66번 도로를 '엄마의 도로'라 칭했다. 덕분에 도로는 '마더스 로드'란 별칭을 얻었다.

> 66번 도로는 도망치는 사람들의 길이다.
> 흙먼지와 점점 좁아지는 땅, 천둥 같은 소리를 내는 트랙터와 땅에 대한
> 소유권을 마음대로 주장할 수 없게 된 현실, 북쪽으로 서서히
> 밀고 올라오는 사막, 텍사스에서부터 휘몰아치는 바람,
> 땅을 비옥하게 해주기는커녕 조금 남아 있던 비옥한 땅마저
> 훔쳐가 버리는 홍수로부터 도망치는 사람들.
> (… 중략…)
> 66번 도로는 이 작은 지류들의 어머니며 도망치는 사람들의 길이다.

'한 번 읽어봐야지' 생각만 해두었던 작품이었다. 이번에 66번 도로를 달린다면 책을 반드시 읽을 기회도 되겠다 싶었다.

"그런데 지도에서 없어졌는데 어떻게 가지?"

일단 66번 도로의 옛 풍경을 재현해두었다는 도시 '셀리그먼'을 목적지로 입력했다. 셀리그먼으로 향하는 길 옆으로 '히스토릭 66'이라고 적힌 표지판이 보이기 시작했다. 구글 지도에는 40번 도로라는 표시 옆에 '히스토릭 루트 66'라는 표기가 병기되어 있었다. 제대로 달리고 있구나.

애리조나주 북서부에 위치한 셀리그먼은 인구 400여 명이 살고 있는 작은 마을이다. 1926년부터 1978년까지 66번 도로가 셀리그먼을 지났고, 지금은 66번 도로의 스톱 포인트로 인기가 좋다. 제2차 세계대전 직후에는 남서부 여행길에 오른 퇴역군인들과 자동차 여행자들에 의해 호황을 누렸다고 한다. 그러나 지금의 마을은 색이 바랜 셔츠 같아 보였다. 흐린 날씨 때문에 더욱 칙칙해 보이기도 했다. 더 이상 66번 도로의 거점이 아닌 마을은 완전히 활기를 잃어버렸다. 우리 가족을 제외하고는 두세 명의 관광객이 더 있을 뿐이었다. 상점에는 반세기 전의 대중문화를 기억하는 미국인들에게 향수를 불러일으킬 만한 물건들이 놓여 있었다. 한국인인 내가 온전히 향유하기는 어려웠지만, 낡고 오래된 것들 속에서 느껴지는 아련함과 애잔함은 그대로 전해졌다. 쇠퇴하고 허물어져가는 모든 것들은 늘 쓸쓸함을 남긴다.

『분노의 포도』는 1940년에 영화로도 제작되었는데, 영상 안에 담긴 상점 풍경이 셀리그먼의 상점과 매우 닮아 있다. 또 조드 가족이 지나는 애

다정한 여행의 배경

리조나와 캘리포니아 경계의 사막길 위에 조슈아 나무가 삐죽삐죽 솟아 있었는데, 우리도 같은 길에서 조슈아 나무를 실컷 보았기 때문에 반가웠다.

조드의 가족이 서부로 향하는 길은 험난했다. 무리해서 많은 짐을 실은 자동차는 몇 차례나 고장이 났고, 길 위의 장사꾼들은 자동차 부품을 터무니없는 가격에 팔아 넘겼다. 먹거리와 물은 계속 부족했다. 고된 여정으로 할아버지와 할머니는 길 위에서 생을 마감했다.

『분노의 포도』에 등장하는 많은 지명은 실제 우리 가족도 지나간 곳이다. 초조해 하던 상황도 크게 다르지 않았다. 우리 가족은 사막길에서 꽤나 가슴 졸이는 경험을 했다. LA에서 출발하여 예약해둔 호텔이 있는 세도나까지 770킬로미터를 가야 했다. 어떤 길이 나올지 전혀 몰랐다. 메마른 땅이 계속될 줄도, 이토록 긴 구간 내에 주유소가 없을지도 예상하지 못했다. 끝이 보이지 않는 사막길에서 휘발유를 넣을 시간을 한참 전에 놓쳐버렸다. 기름이 바닥나 차가 멈춰버린다면 몇 시간을 걸어서라도 마을을 찾아가야 했다. 아니면 지나가는 차를 멈춰 세워 휘발유를 빌려야 했다. 구글 지도를 샅샅이 뒤져보아도 근처에는 마을이 없었고 그나마 지나는 차들도 갈 길이 바쁜 화물트럭뿐이었다. 그 안에 과연 선량한 운전수가 타고 있을 지는 미지수였다. 렌터카의 연료 표시기에 붉은 불이 들어온 지 이미 꽤 되었다. 손바닥에는 식은땀이 흥건했다. 다행히 휘발유가 완전히 동나기 바로 직전에 주유소를 겨우 만났다. 캘리포니아와 애리조나의 경계에 있던 주유소는 정말로 오아시스처럼 보였다.

조드 가족이 66번 도로를 달리며 겪었던 경험의 일부, 그들이 보았던 까마득한 풍경을 80년이 지난 지금, 우리 가족도 만났다니. 소설을 먼저 읽고 66번 도로를 지났다면 표지판에 등장하는 지명들이 특별하게 다가왔을까? 그러나 여행에서 돌아온 후 책을 읽고 영화를 보는 일도 꽤 괜찮다. 66번 도로를 달릴 땐 잔뜩 긴장하여 맘껏 누리지 못했던 것들을 돌아와 활자로 만나면 마음 편히 즐길 수 있으니.

Info

셀리그먼은 사실 30분 정도면 다 둘러볼 수 있는 작은 마을이다. 볼거리가 많지 않지만 66번 도로를 달려보는 데 의의를 둔다면 목적지로 삼을 만하다.

16

핀란드 | 헤멘린나

숲에서 영문도 모르게 슬펐다

무라카미 하루키의
『색채가 없는 다자키 쓰쿠루와 그가 순례를 떠난 해』
철도 회사에서 근무하는 다자키 쓰쿠루는 고등학교 시절
완벽한 공동체를 이루었던 다섯 명의 친구들로부터
어느 날 갑자기 퇴출당한다. 오랜 시간이 지난 후
여자친구 사라의 제안으로 '잃어버린 것'을 찾기 위한
순례의 여정을 시작한다. 지난 날 잃어버린 무언가를 떠올리게 하는 이야기

"

헤멘린나에는 아름다운 호숫가 성과 시벨리우스의 생가가 있지만,
아마 다자키 씨한테는 그보다 더 중요한 볼일이 있을 테죠.

"

무라카미 하루키의 팬인 내가 핀란드 여행에서 가장 집착 증세를 보인
도시는 헤멘린나였다. 가장 좋은 날씨에, 최상의 컨디션으로, 여행의 감성이
최고조에 달했을 때 헤멘린나에 가고 싶었다. 날씨와 여행 감성은 최고였던
그날. 안타깝게도 나는 배탈이 났다. 그것도 내 생애 겪은 배탈 중 가장 극
심한 복통을 동반했다. 오장육부가 뒤엉키는 듯했다. 여행지에서는 늘 생수
를 사먹곤 했는데, 사우나를 하다 보니 사둔 생수가 부족했다. 할 수 없이 핀
란드의 수돗물은 먹어도 괜찮다는 말만 믿고 벌컥벌컥 마셨다. 결국 그 탓에
며칠간 먹은 모든 것을 쏟아냈다. 최악의 컨디션으로 나의 헤멘린나를 찾게
된 것이다.

　　헬싱키에서 헤멘린나로 향하는 오전 10시 6분 기차를 기다시피 겨우 탔다. 7번 칸 자리가 예약되어 있었는데 자리까지 찾아갈 힘이 없었다. 한참 먼 식당 칸에 엎어져 있다가 화장실에서만 40분을 보냈다. (차라리 화장실 석을 예약할 걸 그랬다.)

　　헤멘린나는 헬싱키에서 약 100킬로미터 떨어진 도시다. 기차로 1시간 10분 정도 소요된다. 친구는 계속해서 헬싱키로 돌아가자고 했지만, 당시에 나는 도저히 중간에 내려 다시 반대편 열차를 타러 걸어갈 기운이 없었다. 헤멘린나에 꼭 가겠다는 절실한 의지가 있었던 게 아니었다. 단지 돌아갈 엄두가 나지 않아서였다. 나는 그냥 늘어져 있었다. 겨우겨우 헤멘린나에 도착해서 처음 찾아간 곳은 하루키 소설 속 숲도, 호수도 아닌 약국이었다. 약을 먹고 천천히 걷다가 지치면 한참씩 쉬며 하루를 보내기로 했다. 덕분에 매우 느릿느릿 헤멘린나를 온전히 바라볼 수 있었다.

　　무라카미 하루키의 『색채가 없는 다자키 쓰쿠루와 그가 순례를 떠난 해』의 주인공 쓰쿠루는 대학교 2학년 여름, 가장 친했던 친구그룹에서 이유도 듣지 못한 채 퇴출당한다. 십여 년 후 쓰쿠루의 여자친구 사라는 퇴출의 이유를 밝혀보는 것이 좋겠다 제안한다. '잃어버린 것'을 되찾는 순례의 과정은 일본의 나고야, 하마마쓰, 도쿄, 그리고 핀란드의 헬싱키, 마지막엔 헤멘린나를 배경으로 한다.

이 작품에서는 각 도시가 매우 인상 깊게 묘사되어 있기 때문에 소설을 읽으며 주인공과 도시순례를 함께하고 있는 듯한 착각에 빠졌다. 나는 다섯 개 도시 중 일본에 있는 나고야, 하마마쓰, 도쿄를 다녀온 적이 있다. 다만 순례의 마지막에 주인공 쓰쿠루가 친구 구로를 만나게 되는 헤멘린나를 못 가본 것이 내내 아쉬웠다. 마치 홀로 색채가 없었던 (이름 중 색이 들어 있는 한자가 없었던) 다자키 쓰쿠루의 심리처럼. 핀란드 여행은 그 아쉬움을 해소할 절호의 기회였다.

헤멘린나는 소설 안에 싱그러운 모습으로 담겨 있다. 헤멘린나엔 근사한 숲이 있다. 소설에서 쓰쿠루의 친구 구로는 핀란드 남자와 결혼을 하여 핀란드에 정착한다. 구로가 가족과 휴가를 보내는 헤멘린나 근교에 있는 숲은 아마 아울란코 공원 부근이 아니었을까. 이탈라 글라스센터에서 쇼핑을 하고 싶다는 친구를 보내고, 혼자 아울란코행 버스를 탔다. 광활한 숲이 펼쳐져 있는 아울란코는 핀란드 사람들이 여름휴가 때 즐겨 찾는 곳이라고 한다. 그런데 이상하게도 내가 찾아간 여름날에는 사람이 보이지 않아 무서웠다.

숲으로 들어가는 입구에서 많은 고민을 했다. 들어가 볼지, 그냥 돌아갈지. 나는 굉장한 겁쟁이라서. 그때 마침 다행히 한 가족이 숲에서 튀어나왔다. 그들에게 의지하면서 조금씩 발걸음을 내딛었다. 그들이 시야에서 멀어지면 최대한 두려움을 참으며 걷다가 다른 가족을 만나고, 다시 그 가족에게 의지하고, 또 다른 가족을 만나고. 의지의 대상을 배턴 터치하며 겨우 발걸음을 옮겼다.

프란츠 리스트의 『순례의 해』는 여행의 기억을 곡으로 풀어낸 작품집이다. 다자키 쓰쿠루는 친구들 한 명 한 명을 만나 이야기를 듣고 자살한 시로가 즐겨 연주하던 '르 말 뒤 페이를 기억하는지' 묻는다. 『순례의 해』에 수록되어 있는 '르 말 뒤 페이'는 우리말로 '향수' 혹은 '멜랑콜리'로 번역되곤 한다. 정확한 의미는 '전원 풍경이 사람의 마음에 불러일으키는 영문 모를 슬픔'이라는 뜻이라고 한다.

아울란코의 숲은 '르 말 뒤 페이'의 의미를 충분히 품고 있었다. 혼자 걷고 있던 나는 괜히 울컥했다. 신경 써야 하는 사람도 곁에 없었고, 여비가

다정한 여행의 배경

부족하지도 않았고, 속이 조금 불편했을 뿐, 약 기운 덕분에 꽤 걸을 수 있는 체력도 확보했다. 길 위엔 백조와 새끼들이 길을 건너고 있었다. 붉은 얼굴을 한 핀란드 가족은 그들이 지나가기를 숨죽여 기다리고 있었다. 그 풍경 뒤로 호수가 반짝거렸고, 숲은 울창했다. 그곳에 내가 서 있다는 사실만으로도 충분히 행복해야 했다.

그런데 나는 영문도 모르게 슬펐다. 다행히 인적은 드물었다. 아무도 나의 붉어진 눈 주위를 보지 못했다.

숲으로 들어가는 입구에서 1.8킬로미터 정도만 걸어가면 숲을 한눈에 내려다볼 수 있는 아울란코 타워가 있다고 들어서 그곳까지만 걸어가 보기로 했다. 3킬로미터는 걸은 듯 했지만 타워는커녕 커다란 나무들 때문에 높은 건축물이 전혀 보이지 않았다. 둘째라면 서러울 방향치인 나는 숲 안에서 돌고 돌아 같은 장소를 몇 번이나 만났다.

다리가 풀려 고꾸라질 것 같던 순간, '돌아가자' 마음먹은 그 순간. 친절하게 용기를 북돋아주는 아주머니가 영화처럼 등장한다. 영어로 타워에 가려면 어디로 가야 하는지 묻자, 아주머니는 답했다.

"노 잉글리쉬! 쏼라쏼라~"

나는 손짓으로 타워를 만들었다. 아주머니는 핀란드어로 '얼마 안 남았으니 앞으로 쭉 가보라' 말하는 듯했다. 어떻게 알아들었는지 모르겠지만, 제대로 알아들었다. 따라올 의지를 상실한 다리를 질질 끌고 걷다보니 타워가 보였다. 타워 바로 밑에는 매점이 하나 있었다. 오전에 모든 것을 쏟아내곤 배 안에 아무 것도 넣지 못한 상황이었다. 그런 상태에서 왜 갑자기 콜라가 마시고 싶은지……

매점에서 콜라를 한 병 샀다. (사실 타워를 오를 기운이 없었다.) 콜라를 마시고 앉아 있었다. (나는 평소에 콜라를 별로 좋아하지도 않는다.) 딱 콜라 한 잔 마셨는데! (아마 15분도 지나지 않았을 것이다.)

파란색이었던 하늘에 갑자기 무서운 속도로 구름이 몰려왔다. 켜켜이 쌓여 회색, 진회색, 검은색으로 변해갔다. 허겁지겁 타워에 올라갔다. 이미 늦었다. 숲은 검게 변해 있었다.

하아.

이번 여행 기간 열흘 동안 단 한 순간도 날씨가 흐린 적이 없었다. 계속되는 맑은 날씨, 푸른 하늘, 눈부신 물빛에 너무 운이 좋아 두려운 마음이 들 정도였다. 그런 시간이 계속 되다가, 가장 중요한 순간에 매몰차게 몰려든 구름. 콜라 한 잔 때문에 푸른 하늘 아래 싱그러운 초록빛을 놓치고 말았다. 태연하게 굴고 싶었지만 혹시 구름이 없어지지 않을까 20분 동안 높은 곳에 마냥 서 있었다.

포기하고 내려와 다시 숲으로 들어갔다. 밤 11시 반까지도 환한 백야

의 핀란드이지만, 구름이 끼니 숲은 무시무시했다. 의지했던 가족들도 다들 어디로 들어갔는지, 아무도 없었다. 그나마 백조 가족들이 아직 귀가하지 않고 남아 있어서 이들에게 무한정 의지한 채 겨우겨우 숲을 빠져나왔다. 그리곤 버스 시간을 잘못 읽어 놓치는 바람에 물가 비싼 나라에서 택시를 타는 것으로 여행이 마무리 되었다. 어두웠던 숲의 공포에 비하면 그나마 귀여운

수준의 마무리였다.

꿈에도 그리던 헤멘린나행.

끔찍한 배탈이 나의 여행을 가로막았으나, 그래도 포기하지 않고 무사히 여행을 마쳤다. 머릿속에 있던 장소를 직접 두 발로 디뎌보는 것. 그것만으로도 충분하다. 최상의 컨디션은 아니었더라도 그곳에 갔고, 그 숲을 보았으므로 참 다행이었다.

66

도로 양쪽은 거의 숲이었다.
국토 전체가 싱싱하고 풍성한 녹음으로 덮인 듯한 인상이었다.
대부분 자작나무고 소나무나 가문비나무나 단풍나무가 섞였다.

99

Info

헤멘린나까지 가는 기차는 헬싱키 기차역에서 예매가 가능하다. 아울란코 숲은 헤멘린나 광장 근처 버스정류장에서 버스를 타고 30분 정도 소요된다. 버스가 자주 없고 시즌에 따라 운행을 안 하는 경우도 많으므로 주의해야 한다.

2015년 1월. 일본의 출판사 신초사新潮社에서 '무라카미 씨의 거처'라는 이벤트를 열었다. 독자들이 하루키에게 궁금한 점을 메일로 보내면 그중 일부를 하루키가 답변해주는 행사였다. 2주 한정으로 진행되었는데. 무려 3만 7천여 통의 메일이 갔고, 그중 3천 7백여 통의 질문에 하루키가 직접 답장을 보내주었다. 나는 『색채가 없는 다자키 쓰쿠루와 그가 순례를 떠난 해』에 그려진 헤멘린나를 직접 가보고 썼는지, 상상으로 썼는지 궁금하다고 편지를 보냈다. 그리고 곧 하루키에게서 직접 답변을 받았다!

❀ 나의 질문

핀란드의 도시, 헤멘린나에서 느낀 바가 궁금합니다.

해외에서 하루키 씨의 소설을 빠짐없이 읽고 있는 팬입니다. 3년 전부터 회사에서 휴가를 얻으면, 하루키 씨의 소설 속 배경이 된 곳을 순례하는 것이 취미가 되어, 인생에서 하나의 즐거움이 되었습니다. 최근 다녀온 곳은 핀란드 헤멘린나입니다만, 근교의 숲을 산책하기도 하고, 시내를 걸어보니, 소설에 묘사된 것들을 직접 느껴볼 수 있어 무척 즐거웠습니다.

"가보지 않은 곳도 상상력을 발휘하여, 소설의 배경으로 삼는 경우도 있다"고 들었습니다만, 헤멘린나도 소설을 쓴 후 방문하신 건가요? 만약 그렇다면, 실제로 가본 후의 감상을 듣고 싶습니다. 여행에서 돌아온 후, 하루키 씨의 소감이 신경 쓰여 잠을 이룰 수 없으므로, 무라카미 씨께서 한 마디 해주신다면 기쁘겠습니다.

❀ 하루키의 답변

헤멘린나. 네, 가보지 않고 썼습니다 (웃음). 지도만 보고 적당히 쓴 것입니다. 소설을 쓴 후 (출판되기 전에) 가보고, 여기 저기 둘러보니 상상과 거의 동일했기 때문에 안심했습니다.

단지 수목의 종류 정도는 달랐기 때문에, 그것은 다시 썼습니다. 그리고 제가 설정했던 호숫가의 도로가 없었기 때문에 그 부분도 수정했습니다. 광장 장면도 실제에 맞게 조금 수정했습니다.

가장 놀란 것은 제가 헬싱키에서 빌린 렌터카가 우연히 감색 폭스바겐 골프였던 것. 소설과 똑같았지요. "어!"하고 놀랐습니다. 이런 일이 있구나. 신기합니다.

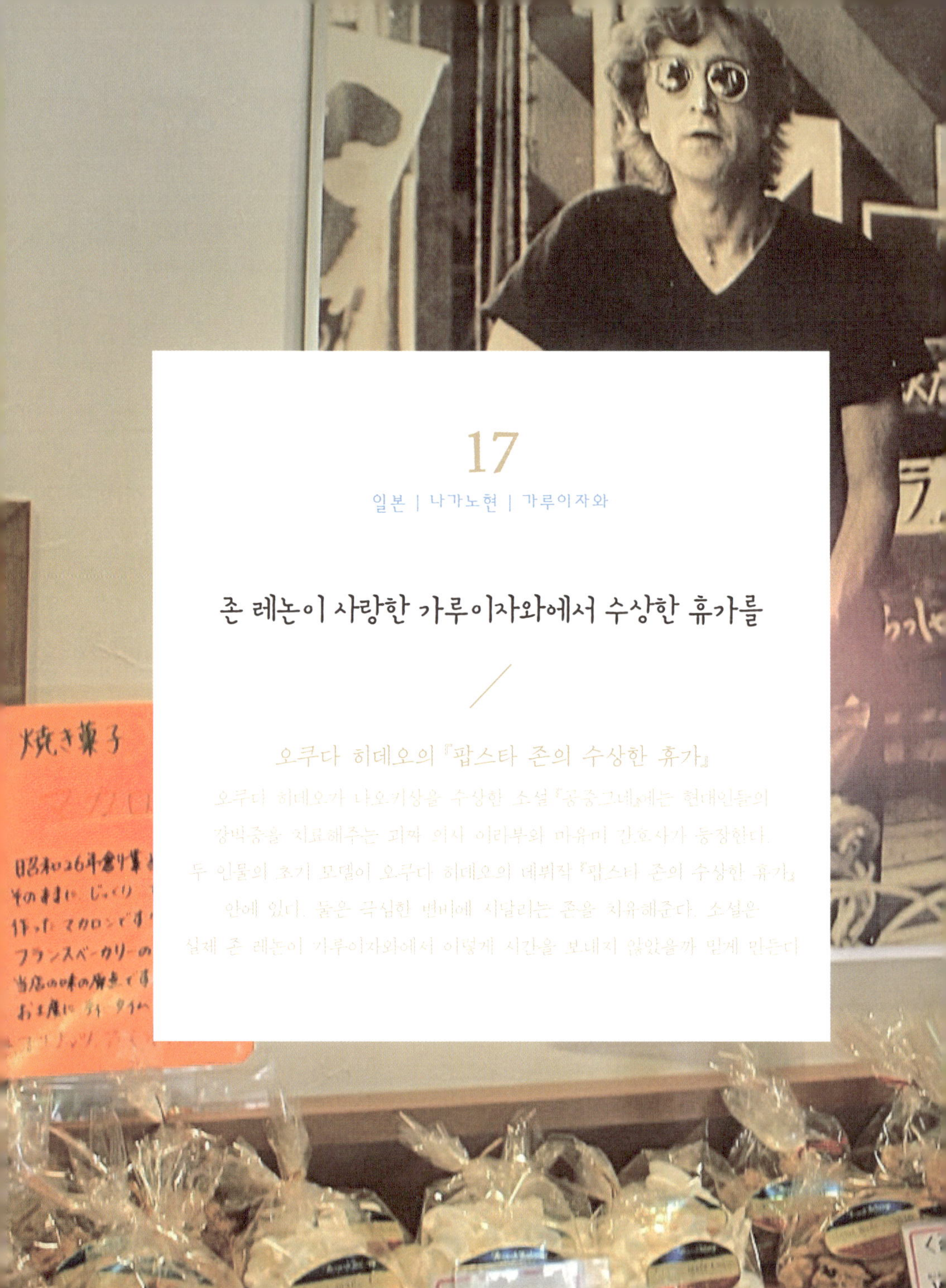

17

존 레논이 사랑한 가루이자와에서 수상한 휴가를

오쿠다 히데오의 『팝스타 존의 수상한 휴가』

오쿠다 히데오가 나오키상을 수상한 소설 『공중그네』에는 현대인들의
강박증을 치료해주는 괴짜 의사 이라부와 마유미 간호사가 등장한다.
두 인물의 초기 모델이 오쿠다 히데오의 데뷔작 『팝스타 존의 수상한 휴가』
안에 있다. 늘은 극심한 변비에 시달리는 존을 치유해준다. 소설은
실제 존 레논이 가루이자와에서 이렇게 시간을 보내지 않았을까 믿게 만든다.

비틀즈가 결성된 지 반세기를 훌쩍 넘긴 그 해, 폴 메카트니가 처음으로 한국에 왔다. 나는 잠실에 가서 그의 라이브를 들었고, 비슷한 시기에 열린 폴의 사별한 부인인 린다 메카트니 사진전에도 다녀왔다. 유독 비틀즈와 연이 깊었던 한 해였는데, 게다가 여름휴가는 일본 가루이자와에서 보내기로 했다. 가루이자와는 이미 세상을 떠난 비틀즈의 존 레논이 사랑한 마을이다.

1940년 영국 리버풀에서 태어난 존 레논은 1960년부터 비틀즈 멤버로 활동했다. 10여 년 간의 비틀즈 활동을 마친 후에는 오노 요코와 반전, 평화 운동을 펼쳤다. 그리고 1980년 12월. 뉴욕의 아파트로 귀가 중에 마크 데이비드 채프먼의 총을 맞고 세상을 떠났다. '팝음악의 역사는 비틀즈 이전과 이후로 구분된다'고들 한다. 나는 음악에 대해 잘 알지 못하기에 비틀즈를 음악적으로 감히 평가할 수 없지만, 존 레논의 '마더'란 곡을 처음 들었을때 적잖은 충격을 받은 기억이 있다. 가사 중 존 레논이 엄마를 부르는 목소리가 짐승의 울부짖음 같이 들리기도 했고, 너무나도 처절했기 때문이다. 그는 왜 이렇게 간절히 엄마를 부르는 것일까. 서점에 가서 존 레논 관련 소설과 평전을 모두 사와서 읽어보았다. 어릴 때 부모가 이혼을 했고, 이모와 이모부

가 레논의 곁에 있었지만 그는 늘 엄마품을 그리워했다. 겨우 엄마와 가까워져가던 시기 갑작스런 교통사고로 엄마를 떠나보냈다. 그가 (이미 부인이 있었음에도!) 사랑에 빠진 오노 요코란 여자도 흥미롭다. 비틀즈 멤버간의 팀워크도 무너뜨리며 그 여성에게 마약처럼 빠져든 이유는 무엇일까. 존 레논은 나의 호기심을 자극하는 인물이었다. 존 레논은 (오노 요코 사이에서 낳은) 아들 숀이 태어나고 얼마 지나지 않아 모든 활동을 접고 육아에 전념한 적이 있다. '은둔의 주부'로 지낸 이 기간 동안 가루이자와에서 많은 시간을 보냈다고 전해진다. 그는 가루이자와에서 어떤 생활을 했을까.

소설가 오쿠다 히데오는 1976년부터 1979년까지 존 레논의 행보가 궁금해 『팝스타 존의 수상한 휴가』를 쓰게 되었다고 밝혔다. 늘 고슴도치 같이 날을 세우고 있던 존 레논이 공백 기간을 거치고 다른 모습이 되어 대중 앞에 섰다. 그리고 가족애를 노래하기 시작했다. 활동을 접었던 기간 동안 존의 마음을 다스리게 한 것은 무엇이었을까. 상상 끝에 소설이 피어난 것이다.

『팝스타 존의 수상한 휴가』의 주인공 존은 가루이자와의 프랑스 빵집에서 빵을 사다 이미 세상을 떠난 엄마의 목소리를 듣게 된다. 소설에 등장한 프랑스 빵집은 실제 존 레논의 단골 빵집이었다. 구 가루이자와 긴자 거리에서 여전히 영업 중이다.

나는 존 레논이 먹었던 빵 맛이 궁금했고, 또 그가 지났을 거리가 궁금했다. 프랑스 빵집을 향해 걸어갔다. 빵집에 들어가보니 존 레논의 사진이 크게 걸려 있는 점을 제외하곤 그냥 평범한 동네 빵집이었다. 입구에서부터 식욕을 자극하는 진한 커피향이 풍겨 왔다. 당장 빵을 하나 집어 들고 커피를 주문했다. 맛도 좋았던 커피에 곁들인 빵은 바게트. 사진 속 레논이 들고 간 종이봉투 안에 같은 빵이 가득 들어 있었을 걸 생각하니 신기한 기분이 들었다. 바게트는 겉은 단단하지만 속이 부드러웠다. 짭짤함도 적절했다.

손님이 계속 없다가 갑자기 들어온 한 서양인. 그는 왠지 바게트빵, 비틀즈 음악 등의 단어와 잘 어울리는 얼굴을 하고 있었다. 그와 동행한 사람이 주고받는 대화 속에서 '제주도에 가보았다'는 이야기가 들려왔다. 나는 괜히 반가운 마음에 대화를 엿들어버렸다.

짭짤한 빵을 먹다보니 잼이 하나 곁들여지면 좋겠단 생각이 들었다. 그러나 가게에는 소량의 잼이 놓여 있지 않았다. 소설에서 잼은 꽤 중요한 요소로 등장한다. 존은 불량 청소년 시절 여자친구 집에서 친구의 엄마가 하이눈 티에 내놓은 마멀레이드(오렌지, 레몬 등으로 만든 잼)를 보곤 정체를 알 수 없는 강박관념에 시달리며 "이거 말고 좀 먹을 만한 마멀레이드는 없나요?"라고 외치며 뛰어나간다. 소설 속 존의 부인 게이코가 마멀레이드를 사오라시켰을 때 떨떠름하게 여긴 이유도 이 기억이 떠올랐기 때문.

"어쨌든 바람 좀 쐬고 와. ⋯⋯아 참,
나간 김에 사와야에서 마멀레이드 좀 사다주면 고맙겠는데."
"⋯⋯마멀레이드?" 존의 얼굴에 어렴풋이 그늘이 드리워졌다.
"왜 그래? 귀찮다는 목소리네."
"사와야는 역 반대편이야. 그것보다 먹을 사람도 없잖아.
아침은 늘 밥에 된장국인데."

사와야는 가루이자와의 명물인 잼 브랜드다. 소설과 달리 요즘엔 역 안에서도 팔고 있었다. 나는 선물할 것과 먹어볼 것을 한 통씩 샀다. 딸기 알 갱이가 그대로 살아 있어 신선한 느낌이 나기도 하고 많이 달지 않았다.

프랑스 빵집에서 나와 숲길을 걸었다. 10분 정도 걸어가니 만페이 호 텔이 싱그러운 초록 안에 숨어 있었다. 1894년에 문을 열고 1902년에 현재 위치로 옮겨온 오랜 역사를 가진 호텔이다. 숲에 둘러싸여 있는 이곳에 존 레논도 자주 머물렀다. 나는 이곳에서 책을 한 가득 곁에 두고 며칠을 머무 는 상상을 해보았다. 그럴만한 금전적, 시간적 여유는 물론 없기에 꿈에서만

그려볼 뿐이다. 존 레논이 머문 방은 예약이 쉽지 않다고 하지만, 언젠가 꼭 한 번 묵어보고 싶다. 하루 정도 괜찮겠지.

호텔 사료실엔 존 레논이 즐겨 쳤다는 피아노가 보존되어 있었다. 존 레논이 '피아노를 탐냈다'는 후문이 전해진다고 한다. 건반이 몇 개가 까져 있지만 여전히 영롱한 소리를 내던 야마하 피아노.

카페테리아로 가서 존 레논이 특별히 요청해 메뉴가 되었다는 로얄 밀크티를 맛보기로 했다. 밀크티에 어울리는 애플파이를 곁들였다. '은둔의 주부' 존 레논은 이곳에 앉아 무슨 생각을 했을까.

Info

가루이자와 곳곳에 존 레논의 흔적이 숨 쉬고 있다. 존 레논이 머물렀다고 하는 만페이 호텔, 자주 빵을 사러 들렀다는 프랑스 빵집은 비틀즈와 존 레논의 팬이라면 꼭 들러야 하는 곳이다. 요코의 가족들과 기념사진을 찍은 시라이토 폭포, 존 레논이 낮잠을 자기도 하고 블루베리주스를 즐겨 마셨다고 하는 카페 리잔보 등에도 그의 체취가 묻어 있다.

18

미국 | 나바호족 인디언 거주 지역 | 포레스트 검프 포인트

이젠 돌아가도 되겠다

톰 행크스 주연의 『포레스트 검프』
1950년대부터 1980년대까지 미국의 역사가 포레스트 검프의 인생에
녹아 있다. 아이큐 75에 다리까지 불편하게 태어난 포레스트는
현명한 어머니 덕분에 남들과 다름없는 교육을 받고
순수함을 간직한 채 성장한다. 소소한 웃음이 계속 되다가
왈칵 울음을 쏟게 만드는 영화

주변을 돌아보면 볼수록 현실과 멀어지는 듯했다. 이곳까지 오는 내내 신기한 풍경들을 많이 만나왔지만, 모뉴먼트 밸리의 풍경은 몇 번이고 눈을 비비고 다시 보아도 현실과 너무나 동떨어져 있었다. 누군가 저 멀리 커다란 패널을 세워둔 것이 아닐까.

별이 쏟아지던 더 뷰 호텔에서 한 밤을 자고 일어나 차로 20분 거리에 위치한 영화 『포레스트 검프』 촬영지로 향했다. 동생은 '아침도 못 먹어서 배고파 죽겠는데 꼭 가야 하냐'는 표정을 짓고 있었다. 아무 것도 없는 사막 한가운데 머문 탓에 비싼 조식을 과감히 포기한 아침이었다.

영화 『포레스트 검프』의 주인공 포레스트에게는 유일한 친구이자, 여자인 제니가 있다. 둘은 등굣길 스쿨버스에서 만났다. 어딘가 남들과는 달라 보이는 포레스트 검프. 버스에 탄 그에게 모든 아이들이 옆자리를 내어주지 않았다. 예쁘고 천사 같은 제니만이 곁에 앉게 해주었고, 그때부터 포레스트 검프는 제니의 말이라면 무조건 따랐다. 지능이 낮고 다리에 교정기를 차고 다닌단 이유로 늘 친구들에게 괴롭힘을 당하던 포레스트에게 제니는 외쳤다.

포레스트는 제니의 말을 평생 신조로 삼았다. 가고자 하는 곳은 늘 빠르게 뛰어다녔다. 한편 어린 시절 아버지의 학대를 받으며 성장한 제니는 대학생이 되어 성인잡지 모델이 되었다. 그리고 미국 히피문화에 빠져들었고 술과 마약에 취해 지낸다. 포레스트는 곤란한 상황에 빠진 제니를 몇 번이고 도와주었지만, 제니는 매번 포레스트를 떠났다. 매일 밤 제니를 그리워하며 지내던 포레스트에게 그러나 또 다시 불쑥 찾아온 제니. 둘은 며칠 동안 함께 지내며 그동안 살아온 이야기를 나눴다. 제니가 드디어 자신과 함께 지내러 돌아왔다고 믿은 포레스트. 어느 날 아침 제니가 또 다시 없어진 것을 발견한다. 포레스트 검프는 그날부터 무작정 달리기 시작했다. 미국 전역을! 제니가 선물한 운동화를 신고. 그가 뛰는 배경엔 미국의 아름다운 자연이 듬뿍 담겨 있다. 3년 2개월 14일 16시간 동안 달리며 신봉자들까지 몰게 된 포레스트 검프. 그런데 갑자기 어느 지점에서 멈춰 섰다. 그곳은 현재 포레스트 검프 포인트라는 명소가 되어 있다.

구글 지도에 포레스트 검프 포인트를 목적지로 입력하고 가는 길. 가도 가도 영화촬영지란 느낌이 없었다. 이제까지 지겹도록 지나쳐온 미국서부의 황량한 풍경뿐이었다. 맑고 깨끗한 하늘엔 비행기구름이 이쪽저쪽 선을 긋고 있었다. 구름 구경을 하다가 포레스트 검프 포인트에 도착했다. '제대로 찾아온 것이 맞나?' 싶었다. 도로변에 캠핑카가 하나 있어 그 옆에 차를 세웠다.

차에서 내려 뒤로 돌았다. 영화 속 그 장면이 늘어서 있었다. 포레스트 검프와 그의 신봉자들 뒤에 서 있던 검붉은 색의 바위산들. 그 장면을 눈앞에 두니 무기력한 마음이 내 어깨를 짓눌렀다. 이 웅대한 자연을 배경으로 포레스트 검프는 말했다.

다정한 여행의 배경

영화의 장면이 입체적으로 이해되는 순간이었다. 로스앤젤레스에서 출발한 우리 가족은 그랜드 캐니언에 가보는 것이 목적이었으니 비교적 가까운 전망대인 스카이워크 정도까지만 가도 괜찮았다. 스카이워크에서부터 400마일이나 떨어진, 차로 여섯 시간을 더 달려가야 하는 모뉴먼트 밸리까지 가게된 것은 오로지 영화『포레스트 검프』 때문이었다. 영화를 재미있게 본 내가 고집을 부린 것이다. 배고픔을 참다 지친 동생은 차에서 잠들어 있었다. 그토록 가보고 싶었던 곳에 가족 모두를 끌고 왔다. 프레임 안에 가둬진 모습보다 더욱 웅장한 배경을 눈앞에 두었으니 이젠 나도 집으로 돌아가야겠다는 생각이 들었다. 잠시 잊고 있었던 배고픔이 밀려왔다.

Info

포레스트 검프 포인트는 더 뷰 호텔에서 163번 도로를 따라 약 20분 거리(17마일)에 위치해 있다.

19

흐르는 육즙을 입 안 가득

크리스토프 나이트하르트의 『누들』
수천 년에 걸친 국수의 역사가 담겨 있다.
실크로드를 통하여 오갔던 동서양의 국수 교류를 비롯하여
각국의 국수문화를 소개한다. 국수를 좋아한다면
혹은 좋아하지 않더라도 읽어볼 만하다.
국수 한 그릇이 다르게 보이기 시작한다

상하이의 별미 중에는 '샤오룽바오'가 있는데 이것은
'관을 사용해 국물을 집어넣은 바오'라는 뜻의 '관탕바오'라 불리기도 한다.
그것은 작은 화산처럼 보인다.

국물을 만두 안에 넣는다고? 만두를 육수에 퐁당 빠뜨려 내놓는 만둣국은 봤어도 만두 안에 국물을 넣는 건 특이하다. 『누들』을 읽고 나니 상하이에 가서 '샤오룽바오'를 실컷 먹어보고 싶었다. 또 원조집까지 찾아가볼 계획을 세웠다.

중국어로 대나무 찜통을 '샤오룽'이라고 하는데, 이 찜통에 쪄서 만든 만두를 샤오룽바오라고 한다. 상하이의 대표 관광지인 위위안(예원)에는 샤오룽바오로 유명한 난샹만두점이 있다. 관광객이 많은 위위안인 만큼 한 시간 이상 기다려 겨우 만두를 맛볼 수 있었다. 오래 기다린 만큼 '다 먹어 치워버리겠다!'는 기세로 여자 둘이 총 세 가지 종류의 만두를 시켰다.

제일 먼저 맛본 것은 셰로우 샤오룽바오. 게살이 들어간 샤오룽바오로 가장 기본 메뉴다. 움푹한 숟가락에 올려 만두피를 살짝 찢었다. 김이 모락모락 올라오는 탕즙이 흘러나왔다. 탕즙을 조금 식힌 뒤 한 모금 마신다. 만둣국의 국물보다는 확실히 진하다. 그다음에 만두를 먹는 것이 정석이다. 몇 개 먹다보니 조금 느끼해져서 함께 나온 생강과 초간장을 곁들였다. 그 다음엔 징수차이바오를 먹어본다. 샤오룽바오보다는 만두 크기가 크다. 우리나라에서도 쉽게 맛볼 수 있는 찐빵을 닮았다. 맛도 야채찐빵과 비슷했다. 기름지지 않고 채소의 향미가 산뜻하여 샤오룽바오 탕즙의 느끼함을 없애 주었다. 쫄깃하면서도 폭신한 만두피의 식감도 일품. 마지막으로 셰황 관탕바오 차례다. 『누들』에는 샤오룽바오를 관탕바오라고도 한다고 적혀 있는데, 샤오룽바오와 징수차이바오와는 완전히 다르게 생겼다. 만두 위에 빨대가 떡 하니 꽂혀 나왔다. 먼저 빨대로 육즙을 마시고 만두피를 조금씩 뜯어 안에 들어있는 소와 함께 먹어야 했다. 비주얼은 독특하지만 맛은 샤오룽바오의 확대판일 뿐. 느끼함도 배가 되니 호불호가 갈린다고 한다.

빵빵해진 배를 두드리며 가게를 나오는 길에 샤오룽바오를 빚고 있는 모습을 구경하였다. 설날에 집에서 빚는 만두와 작업과정은 크게 달라 보이지 않았다. 다만 만두 속에 국물을 넣는 비법이 궁금했다. 만두를 먼저 만든 후 관을 통해 나중에 국물을 주입하는 것은 아니라고 한다. 육수를 식혀서 젤라틴질로 굳힌 다음 다진 고기와 함께 만두소를 만드는 것이다. 이 만두소로 만두를 빚어 쪄내면 육수가 녹아 육즙이 가득한 만두가 된다.

이튿날도 점심메뉴는 샤오룽바오다! 친구와 나는 샤오룽바오의 원조집을 찾아가보기로 했다. 상하이 중심지에서 약 20킬로미터 떨어진 교외도시 자딩에 있는 구이위안이 그 목적지였다. 구이위안 역시 위위안과 마찬가지로 상하이의 내로라하는 정원 중 하나. 명나라 시절 처음 세워져 400년이 넘는 역사를 갖고 있으며, 화려한 연꽃과 대나무 정원 등이 볼 만했다.

현재와 같은 샤오룽바오가 만들어진 것은 1871년 상하이 자딩구 난샹진의 딤섬집 주인 황밍시엔에 의해서였다. 그는 처음에 '난샹 대만두'라는 것

을 만들어 구이위안에 가져다 팔았는데 이것이 소위 '대박'이 났다. 그러자 구이위안에서 만두를 팔았더니 인기가 좋더란 소문이 나면서 일대의 가게들이 모두 몰려들어 만두를 팔기 시작했다. 장사에 타격을 입은 황밍시엔이 이번엔 피가 얇고 육즙이 풍부한 '난샹 샤오룽바오'를 개발했다.

지금은 위위안에 있는 난샹만두점이 훨씬 유명해졌지만, 알고 보면 구이위안의 샤오룽바오가 원조인 셈. '진짜 원조 샤오룽바오'를 맛본다는 생각에 우리는 잔뜩 기대하고 있었다. 구이위안 입구 근처에 위치한 식당 문을 당차게 열고 들어갔다. 그런데, 매장 안에는 손님 하나 없이 파리만 날리고 있고 점원들은 구석에 앉아 한가하게 수다를 떨고 있었다. 원조집 맞나? 다시 나갔다 들어와도 제대로 찾아온 것은 맞았다. 밖에는 샤오룽바오 동상도

서 있고. 그래도 맛은 '원조'인 만큼 이곳이 낫겠지 싶었다. 난샹 샤오룽바오 만두 두 접시를 시켰다. 총 40개가 상 위에 올라왔다. 두근두근 설레며 한 입 먹었다. 그런데 어째 맛도 예원점이 나아 보였다. 아니 엄밀히 말하면 맛은 비슷했다. 동행한 친구는 '역시 원조집이 훨씬 맛있다'며 굉장히 만족한 표정으로 맛있게 먹고 있었기 때문에 나는 갸우뚱한 생각을 머리에만 넣어두기로 했다. 어쩌면 '원조'라는 단어는 음식을 맛있게 만드는 가장 확실한 조미료가 아닐까. (그럼에도 불구하고 우리가 그곳에 갔을 때, 왜 손님이 한 명도 없었는지는 여전히 수수께끼다. 자고로 원조집 앞에서는 몇 미터씩 줄을 서서 기다려야 제맛인데!)

Info

상하이에서 위위안을 간다면 '난샹만두점 예원점'에서, 시간 여유가 되어 구이위안까지 가게 된다면 '상하이 구이위안찬팅'에서 샤오룽바오를 즐길 수 있다. 구이위안에서는 모터가 달린 배를 빌려 탈 수 있는데, 연꽃 사이사이를 지나는 일이 꽤 재미있다.

20

미스트랄 불어 드는 마르세유

서머싯 몸의 『달과 6펜스』

런던에서 증권중개일을 하던 스트릭랜드는 어느 날 갑자기 집을 나간다.
아내와 아이가 있는 안락한 삶을 버리고 그림을 그리기 시작한다.
가난과 병으로 고통받으면서도 예술가의 삶을 택한 것이다.
그는 마르세유에서 배를 얻어 타고 타이티로 향했다.
스트릭랜드, 그가 바로 화가 폴 고갱이다.
이 소설을 통해 화가 고갱이 아닌 인간 고갱을 만날 수 있다.

마르세유 공항으로 들어가는 비행기는 바다 위를 빙그르르 한 바퀴 돌아 착륙했다.

'지중해란 이런 빛이구나!'

주변에 지중해를 맹목적으로 동경하는 사람이 있어 나는 코웃음을 쳐왔다. 그러나 처음으로 마주한 지중해는 충격적일 정도로 아름다웠다. 비행기 안에 있던 승객들 모두가 눈을 동그랗게 뜨고 창에 달라붙어 바깥 풍경을 내려다보고 있었다. 옆에 앉은 동생을 흔들어 깨웠다. 우리의 남프랑스 여행 첫 도시, 마르세유에 대한 기대가 부풀어 올랐다.

마르세유는 프랑스를 대표하는 항구도시다. 북아프리카 출신의 이민자들이 인구의 1/4 이상을 차지할 정도로 많으며, 러시아, 이탈리아 등 다양한 지역 출신의 사람들이 들어와 함께 살고 있는 다채로운 도시다.

마르세유에 도착하자마자, 우리는 길을 잘못 들어 아랍계 이민자들의 거주지에 들어갔다. 나와 여동생을 쳐다보는 눈빛이 예사롭지 않았다. 술에 취한 한 남자가 "니하오~ 으하하하!"하며 뛰어갔다. 온몸의 털이 곤두서는 듯했다. 게다가 나는 '신이 깜빡 졸아 뇌에 방향을 감지하는 센서를 안 붙여준 것이 아닌가' 의심이 들 정도의 길치다. 지도를 펼치고 구 항구로 가는 길을 한참 찾고 있었다. 갑자기 작은 차 한 대가 툭 튀어나와 동생 옆에 멈춰 섰다. '빵빵' 경적을 울리고 말을 걸었다. 차에는 건장한 남자 두세 명이 타고 있었다. 순간적으로 무서운 생각이 들어 '농! 농! 농!' 단호하게 외치며 무작정 뛰었다. 도움을 주고자했던 선량한 시민이었다면 정말 미안한 일이 아닐 수 없다.

서머싯 몸의 『달과 6펜스』는 화가 폴 고갱을 모델로 하는 소설이다. 소설의 주인공 스트릭랜드는 타히티행을 꿈꾸며 마르세유 항구에서 부랑자 생활을 한다. 화가 고갱도 남태평양의 풍물과 열대지방의 원시적 삶에 매혹되어 마르세유에서 배를 타고 타히티로 향했다.

"

〈야간 숙박소〉란 커다란 석조 건물인데, 거지나 떠돌이도 서류를 갖추어
담당 수사들에게 자기가 노동자임을 믿게 할 수만 있으면
일주일 동안은 잠자리를 얻을 수 있는 곳이었다. 그곳의 문이 열리기를
기다리고 서 있던 사람들 가운데 몸집이 크고 생김새가 특이하여
캡틴의 눈에 띈 사람이 있었는데, 그가 바로 스트릭랜드였다.

"

소설의 화자 '나'는 타히티에서 스트릭랜드를 잘 안다는 캡틴 니콜스를
만나게 된다. 캡틴 니콜스는 마르세유 야간 숙박소에서 스트릭랜드를 만나 4
개월 동안 어울려 지낸 인물이다. '온통 푸르고 햇볕이 가득한 섬'을 꿈꾸던 스
트릭랜드에게 타히티행을 권유한 것도 캡틴 니콜스였다. 화자는 스트릭랜드가
캡틴 니콜스와 마르세유 밑바닥에서 보낸 시간을 모두 이야기한다면 책 한 권
은 가뿐히 완성된다고 말한다. 몇 문단으로 줄여서 쓸 수밖에 없었다고 쓰여
있지만, 소설에는 마르세유의 분위기가 충분히 담겨 있었다. 내가 구 항구로
향한 이유는 캡틴 니콜스와 스트릭랜드가 시간을 보낸 배경을 보러 가기 위함
이었다. 가는 길 위에서 이미 나는 이곳 마르세유의 거친 분위기가 스트릭랜드

와 너무나도 닮았다 느꼈다. 서머싯 몸이 '마르세유'라는 배경 안에 고갱을 세워 둔 이유를 알 것 같았다.

『달과 6펜스』 속 스트릭랜드는 이기적이고 거칠며 남성적인 캐릭터다. 그림을 그리고 싶어 가족도 버리고 떠돌이 삶을 택했다. 부도덕하지만 천재성과 예술혼을 갖춘 매력적인 인물이기도 하다.

마르세유 구 항구는 굉장히 현대적이고 세련된 모습이 되어 있었다. 그러나 항구 특유의 들뜬 분위기는 과거 고갱이 느꼈을 것과 비슷하리라. 그는 이곳에서 생활하며 늘 남쪽나라로 떠날 꿈을 꾸었겠지. 나도 바다 위 가지런히 떠 있는 요트 풍경을 보고 있으니, 심장박동이 빨라지고 다리까지 간질간질해졌다. 이미 떠나왔음에도 떠나고 싶은 마음이 드는 풍경이었다.

우리는 언덕 꼭대기에 있어 시가지를 한눈에 내려다볼 수 있다고 하는 노트르담 대성당에 가보기로 했다. 꼬불꼬불 언덕길을 오르는 버스 창밖으로 슬쩍슬쩍 보이는 마을과 바다 모습이 앞으로 펼쳐질 풍경을 더욱 궁금하게 만들었다. 버스에서 내렸다. 엄청난 바람이 휘몰아쳤다.

'미스트랄!'

프로방스 특유의 바람이다. 여행을 떠나기 전에 읽은 피터 메일의 저서 『나의 프로방스』에 미스트랄의 존재가 생생하게 설명되어 있기에 이미 각오는 단단히 되어 있었다. 책에는 '사람만이 아니라 짐승까지 미치게 만드는 바람'이라 표현되어 있다.

나의 미스트랄 첫인상은 나쁘지 않았다. 사람들로 가득 차 있던 답답한 버스에서 내린 후 만났기 때문에 시원하고 상쾌했다. 속으로 '영하 10도 이하로도 내려가는 한국의 매서운 겨울추위를 경험해보지 못한 사람들의 엄살이려니' 비웃었다. 바람을 등지고 걸으면 힘을 들이지 않고 날아가듯 앞으로 걸어갈 수 있었다. 미스트랄 때문에 구름은 거의 비행기가 나는 속도로 지나갔다. 하늘이 역동적으로 느껴졌다. 푸른 바다, 붉은 지붕, 하얀 요트……. 아름다운 풍경이 눈 아래 펼쳐져 있었고 구름과 데칼코마니를 이루고 있는 것처럼 보였다.

풍경에 취해 십 분 정도 바람을 맞으며 사진을 찍고 있었을까? 머리가 조금씩 아파오며 신경이 곤두서기 시작했다. 그제야 피터 메일이 말한 '짐승까

다정한 여행의 배경

지 미치게 한다'는 표현을 이해했다. 처음 몇 분은 상쾌했지만, 이런 바람이 보름 동안 분다면? 신경질로 가득할 내 얼굴이 그려졌다.

마르세유의 노트르담 대성당은 겉모습과 내부가 정말 잘 어울리는 성당이다. 보통은 외관을 보고 들어가면 전혀 다른 내관에 감탄하기 마련인데, 안과 밖이 비슷한 느낌의 디자인으로 되어 있었다. 초록빛 줄무늬와 베이지색 돔으로 구성된 외관은 고스란히 안으로 스며들어 빨간 줄무늬와 황금빛 돔으로 변모해 있었다. 성당에서 가장 눈길을 끄는 곳은 종탑 꼭대기에 있는 황금빛 성모 마리아상. 마르세유 시내 곳곳에서 위를 올려다보면 눈에 들어오곤 했다. 도시에 성모 마리아가 축복을 내리고 있는 것처럼 보였다.

Info

노트르담 드 라 가르드 대성당은 구 항구 앞 정류장에서 버스를 타고 십 분 정도만 가면 도착한다. 걸어서도 갈 수 있으나, 언덕길이다. 버스는 한 시간 내에 다시 타면 무료이므로 대성당에서 시간을 많이 소요하지 않는 것이 좋다. 항구 주변에는 해산물 레스토랑이 많다. 관광지라 가격은 비싸지만 해산물이 신선하다.

21

에스토니아 | 탈린 | 구 시가지

동화 같은 도시에서 동화책 한 권 들고

게르트 힐버미의 『토마스 할아버지의 전설』

이 동화책엔 토마스 할아버지와 관련된 탈린의 전설이 담겨 있다.
탈린의 대표 명소 구 시청사 한쪽 끝에는 첨탑이 우뚝 솟아 있다.
그 꼭대기엔 풍향계가 돌아가고 있는데, '토마스 할아버지'라는
애칭으로 불린다. 에스토니아어 책이어서 자세한 내용은 이해하지 못했지만
그림이 재밌어 몇 번이고 다시 봤다. 탈린의 헌책방에서 만난 보물

에스토니아 탈린의 헌책방에서 동화책을 한 권 샀다. 에스토니아어를 전혀 모르지만, 왠지 그림만 보아도 대충 내용을 알 수 있을 것 같았다. 전쟁 관련 삽화가 많이 들어 있었다. 에스토니아는 비교적 최근에 독립국이 된 나라다. 바이킹, 게르만인 등으로부터 침략을 받았고, 독일, 스웨덴, 제정 러시아로부터 식민 지배를 겪었다. 1991년 소련 해체와 함께 독립하여 자본주의를 받아들였고, 그 이후로 경제가 크게 성장했다고 한다. 주변 나라에 치이고 치이다 한강의 기적을 이룬 우리나라와 역사가 닮아 보여 왠지 모르게 가까움을 느꼈다.

에스토니아의 수도인 탈린은 헬싱키에서 뱃길로 80킬로미터 정도 떨어진 항구도시다. 헬싱키 여행객들이 당일치기 여행으로 즐겨 찾는다. 나 역시 헬싱키에 머물던 닷새 중 하루는 배로 국경을 넘어보기로 했다. 항구 곁에 있는 탈린의 구 시가지는 전체가 유네스코 세계문화유산으로 지정되어 있는데, 옛날부터 무역으로 크게 번영한 곳이라고 한다. 구 시가지에 들어가자마자 건물의 색에 매료되었다. 어쩜 이렇게 예쁜 파스텔톤의 페인트가 있는지! 하나하나가 모두 갖고 싶은 색이었다. 분홍색도 종류가 실로 다양했다.

우리는 관광객들로 북적이던 광장 한편의 식당에 점심을 먹으러 들어갔다. 주문을 하고 화장실(남녀공용)에 들어가려는데, 한 청년이 나오면서 "냄새가 심하게 나요. 하지만 저 때문이 아니에요"라고 내게 영어로 말을 건넸다. 속으로 '이런 일로 오해받기 싫은 마음은 전 세계 공통이구나' 생각하며 웃었다. '냄새를 공유했다'는 데 연대감을 느꼈던 것일까? 새우요리를 한참 먹고 있는데, 나보다 앞서 화장실을 사용한 청년이 우리 테이블로 와서 말을 건넸다.

"친구가 곧 결혼을 해서 파티 중인데요. 아무 말이라도 괜찮으니 수첩에 메시지 하나만 적어주세요."

일본인 친구와 나는 각자의 언어로 '결혼 축하합니다. 행복한 결혼생활이 되시길 기원합니다'라고 적었다. 대여섯 명의 건장한 청년들이 옹기종기 모여들어 작은 수첩을 들여다봤다. 서로 줘보라며 돌려 보았다. 한글과 한자가 섞인 히라가나를 어찌나 신기해하던지……. 붉은 볼에 순수한 미소를 띤 청년들이었다. 내 마음까지 맑아지는 느낌이 들어서 진심으로 신랑과 그의 친구들의 행복을 빌었다.

식당 바로 앞에는 구 시청사가 있었는데, 밥을 먹고 나와 첨탑에 올라가 보기로 했다. 64미터 높이의 첨탑 꼭대기에는 풍향계가 돌아가고 있었다. 토마스 할아버지다. 동화책 『토마스 할아버지의 전설』에도 나와 있지만 토마스 할아버지는 파수병이었다. 그는 늘 시청 앞 광장에서 아이들에게 사탕을 나눠 주곤 했다. 토마스 할아버지가 세상을 떠나자 아이들은 그를 무척이나 그리워했고, 그런 아이들을 위해 시청사 꼭대기에 토마스 할아버지 풍향계를 달게 된 것이다. 파수병이었던 토마스 할어버지는 죽어서도 탈린을 지키고 있다.

탈린 구 시가지에서 우리는 전망대가 있으면 올라가서 마을 전경을 내려다보고, 예쁜 카페가 보이면 향긋한 커피와 달콤한 쇼콜라 케이크로 여행의 피로를 풀었다. 헌책방에 들어가서는 그림책이 꽂혀 있는 책장 앞에 쭈그리고 앉아 시간을 보내기도 했다. 특별한 목적지를 두지 않고, 발걸음이 닿는 대로 돌아다니기로 한 것이다.

체력과 함께 휴대폰 배터리가 방전되는 줄도 모르고 정신없이 걸었다. 도저히 걸을 수가 없는 지경에 이르러 인포메이션센터에서 (다리와 휴대폰 배터리 모두) 충전을 하고 있었다. 이번 여행에 동행한 친구는 나보다 체력이 두세 배는 좋아서, 잠깐 쉬고 다시 나갔다. 슈퍼에 가서 사고 싶은 것이 있다는 것이다. 나는 도저히 회복되지 않는 몸을 퍼질러 앉은 채 몇 분을 멍하니 있었다. 그때 갑자기 여러 언어로 꽂혀 있는 관광안내책자가 눈에 들어왔다. 빨간 고깔모자를 쓴 네 개 기둥이 귀엽게 줄 지어 있는 풍경 사진. 탈린을 검색하면 제일 먼저 나오는 사진이기도 하고, 각종 관광안내서에 인쇄되어 있는 그 그림! 탈린의 상징!

'그래, 이 풍경을 아직 못 봤어!'

페리를 타고 헬싱키로 돌아가기 30분 전. 나는 아무런 목적 없이 거닐던 탈린에서 처음으로 목표가 생겼다. 보이지 않는 목적의식에 이끌려 팅팅 부은 다리, 무거운 카메라로 뭉친 한쪽 어깨를 덜렁거리며 뛰었다.

'어디서 볼 수 있는 거지?'

구 시가지 안에서 내내 헤매다 페리 시간을 놓쳐버릴 것 같아 포기하고 나왔다. 나와서보니 구 시가지를 둘러싸고 있는 도로변에서 보고 싶었던 장면이 보였다. 빨간 고깔모자를 쓴 기둥이 사이좋은 형제들처럼 서 있었다.

그리고 알았다.

안에 있으면 볼 수 없던 풍경이 밖으로 나오니 보이는 것을.

몇 년 동안 관성에 의해 처리하던 업무에 갑자기 치명적인 문제점이 발견되어 허우적거렸던 적이 있다. 내 업무를 전혀 모르는 사람에게 상담을 하니 몇 초 만에 해결책이 나왔다. 이 풍경 앞에서 그때의 경험이 떠올랐다. 여행을 하다보면 때론 내 삶의 반영이 보일 때가 있어 부끄러워지곤 한다.

Info

헬싱키에서 쾌속선을 타면 탈린까지 1시간 40분 정도 소요된다. 탈린의 구 시가지에 있는 구 시청
사 전망대에서는 시가지가 한눈에 내려다보여 추천한다. 내가 방문한 헌책방 라아마투코이는 에스
토니아의 소설가 에두아르드 빌데의 모뉴먼트 맞은편에 있다.

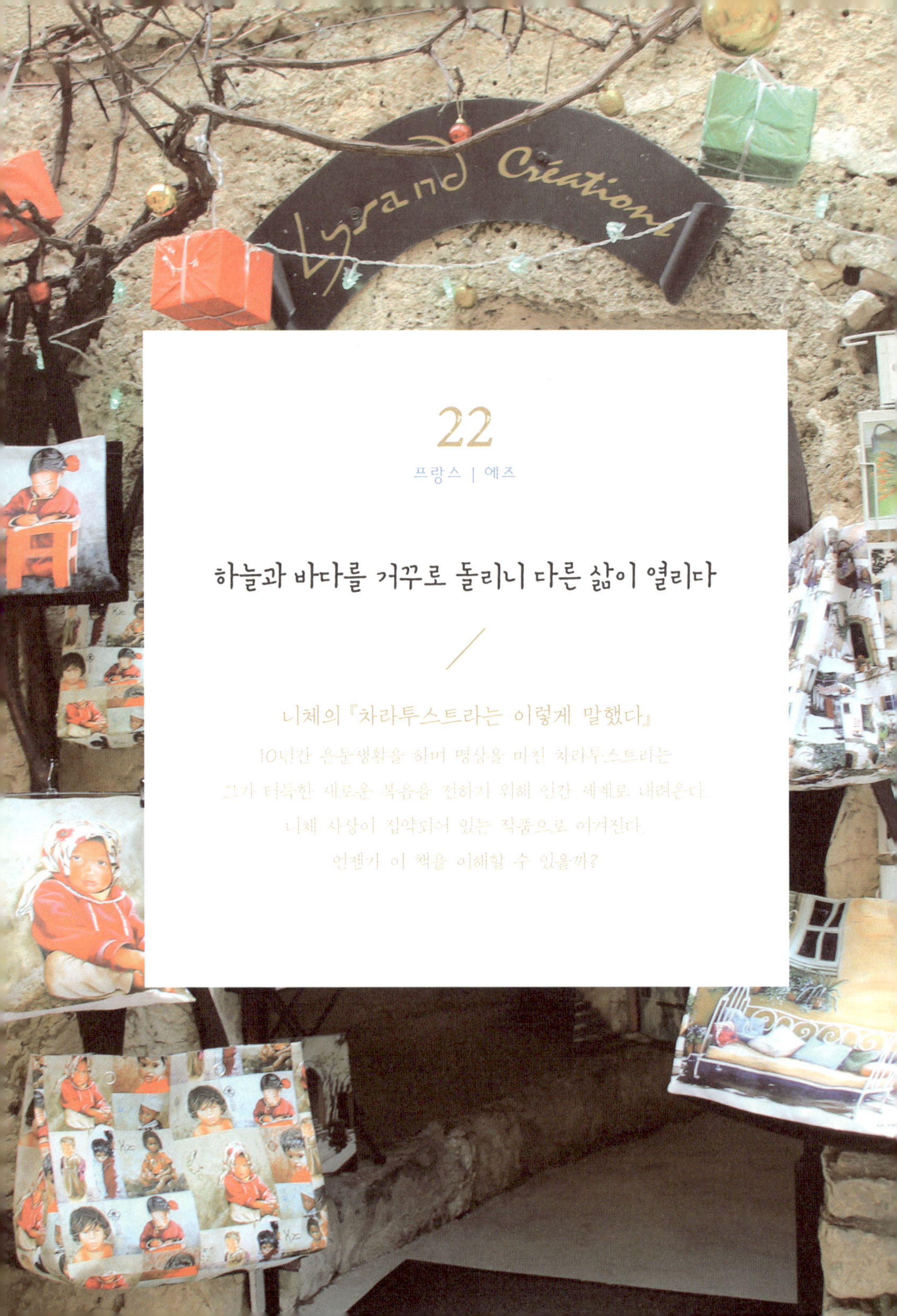

22

프랑스 | 에즈

하늘과 바다를 거꾸로 돌리니 다른 삶이 열리다

니체의 『차라투스트라는 이렇게 말했다』
10년간 은둔생활을 하며 명상을 마친 차라투스트라는
그가 터득한 새로운 복음을 전하기 위해 인간 세계로 내려온다.
니체 사상이 집약되어 있는 작품으로 여겨진다.
언젠가 이 책을 이해할 수 있을까?

니체의 『차라투스트라는 이렇게 말했다』는 주인공 차라투스트라가 산 속에 은둔하면서 살다가 어느 날 사람들이 살고 있는 마을로 내려와 '신은 죽었다'고 설파하는 장면에서 시작한다. 니체는 차라투스트라의 입을 통하여 자신의 철학적 사유를 이야기한다. 나는 대학 시절 『차라투스트라는 이렇게 말했다』를 펼쳐본 적이 있다. '읽었다'가 아닌 '펼쳤다'라고 표현한 이유는 너무 어려워서 몇 장 보다가 포기했기 때문이다. 에즈 여행을 다녀와서 다시 책장을 열었지만 역시나 몇 장을 읽다가 포기해버린…… 그런 작품이다.

니체는 남프랑스 에즈에서 『차라투스트라는 이렇게 말했다』의 영감을 얻었고, 에즈에서 일부를 완성시켰다고 한다. '도대체 어떤 곳이길래 이토록 어려운 작품을 탄생시켰을까?' 궁금했다.

니스와 모나코 사이에 위치한 인구 3,000명이 조금 안 되는 작은 마을 에즈. 해발 429미터 지점, 높은 절벽에 위치한 마을은 독수리가 둥지를 튼 모습을 닮았다 하여 '독수리 둥지'라는 별명도 갖고 있다. 13세기 로마의 침략을 피해, 혹은 14세기 흑사병을 피해 사람들이 산으로 올라가 살며 마을이 형성되었다는 이야기가 전해진다.

사실 니스에서 에즈로 향하는 일이 쉽지만은 않았다. 에즈행 버스를 타려고 정류장에 서 있었는데, 버스가 올 기미가 보이지 않았다. 지나가는 사람에게 물어보니, 1월 1일이라 버스가 적게 운행한다고 했다. 조금 더 기다려 봤다. 그래도 모나코 가는 버스만 올 뿐이었다. 그때 마침 굉장히 고급스러운 코트를 입은 노부인이 얼핏 봐도 나보다 더 럭셔리한 삶을 살고 있을 것 같은 강아지 한 마리와 함께 우리에게 다가왔다.

"메이 아이 헬프 유?"

나는 태어나서 그토록 기품 있는 영어의 울림을 들어본 적이 없다. 노부인은 우리를 가리발디 광장으로 데려갔다. '버스정류장이 지금 공사 중이라 이곳이 에즈로 향하는 버스를 타는 임시정류장일 것'이라고 말해주었다. 주변 가

게 주인에게 확인까지 해주었다. 그곳은 정류장임을 나타내는 요소가 아무것도 없었다. 그러나 우리는 유명한 군인이자 정치인이라고 하는 가리발디 동상의 엉덩이를 바라보며 한참을 서 있었다. 노부인의 인상이 거짓말을 할 사람처럼 보이지는 않았기 때문에 (또 우리에게 거짓말을 한들 무엇을 얻겠는가!) 30~40분을 계속 기다려보았다. 나와 동생은 숙소를 나온 지 한 시간 반 만에 에즈행 버스를 탈 수 있었다. 게다가 에즈로 향하는 버스에 탄 사람은 우리 둘 뿐이었다.

버스 안에서 창밖을 보던 동생이 탄성을 질렀다. "와! 저런 데에서 어떻게 살까?" 그 말이 끝나기 무섭게 버스 운전수가 "에즈 빌리지"라고 소리 쳤다. 그 풍경이 바로 우리가 내려야 하는 곳, 에즈였다!

"

자네는 바닷속에 잠긴 것처럼 고독 속에서 살았고,
바다는 그런 자네를 기꺼이 품어주었네.
아아, 자네는 끝내 육지에 오르려는가?
아아, 자네는 자네의 몸을 다시 끌고 다니려는가?

"

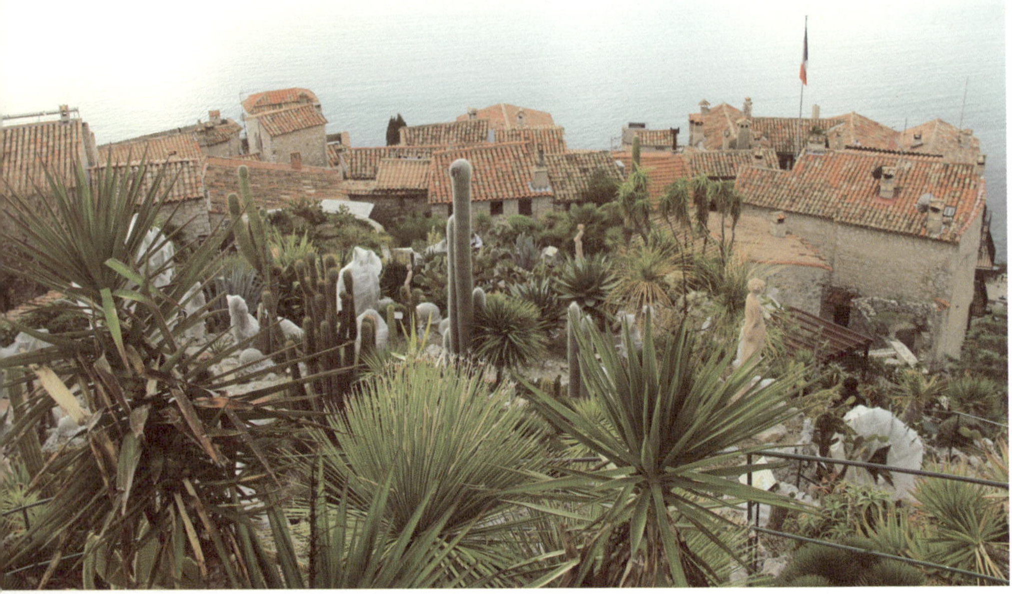

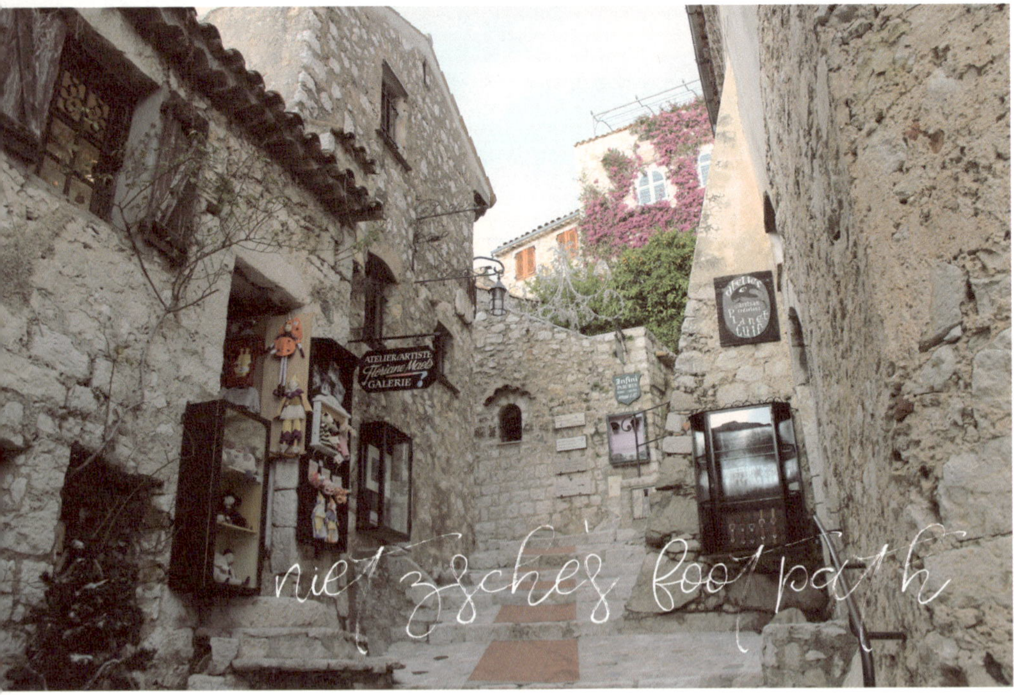
ATELIER ARTISTE
GALERIE
nietzsche's foot path

'바다가 품어주었다'는 문장은 에즈를 아주 적절하게 표현한 것이었음을 알게 되었다. 정류장에서 내리니 버스 안에서 보이던 바다 위에 떠 있는 듯한 마을이 눈앞에 솟아올라 있었다. 에즈라는 산마을을 바다가 품고 있는 형세였다. 그러나 내가 만약 작가라면 에즈에서 판타지 소설을 한 편 썼을 것 같다. 니체처럼 복잡한 생각보단 환상적인 느낌이 드는 곳이니까.

마을에는 '니체의 산책로'라는 길이 조성되어 있었다. 나도 뭔가 철학적인 생각이 떠오르진 않을까? 하는 어설픈 기대감에 잠시 걸어 보았다.

66

차라투스트라는 홀로 산을 내려갔다.
도중에 아무도 마주치는 자가 없었지만
숲에 이르렀을 때,
갑자기 한 노인이 그의 앞에 나타났다.

99

이 길을 걸으며 차라투스트라가 산에서 내려오는 장면을 썼으려나? 상상하다가 숲길로 살짝 돌아왔다. 그런데 한 사람이 벤치에 숨죽이고 앉아 있었다. 깜짝 놀랐다. 방금까지만 해도 아무도 없었는데? 사람이 갑자기 나타난

것이다. 니체의 작품 속 내용처럼 상대는 크게 놀라지 않은 듯 가벼운 미소를 보이곤 다시 굉장히 깊은 생각에 빠져 들어가고 있었다. 나는 발소리를 죽이고 걸어 나왔다.

에즈에 도착했을 때만 해도 남프랑스답지 않은 날씨에 나와 동생은 속이 무척이나 상했었다. 잔뜩 낀 구름 탓에 하늘과 바다의 경계가 없는 오묘한 풍경이 펼쳐져 있었다. 판타지 소설을 쓴다면 왠지 '하늘과 바다를 거꾸로 돌리니 다른 삶이 열렸다'라고 도입부를 쓸 법한 기묘한 느낌이 들었다.

마을 곳곳에는 옷이나 장신구, 미술작품을 파는 작은 상점이 있었다. 1월 1일이었기 때문에 대부분 문을 열지 않고 있었고, 관광객도 많지 않았다. 마을 꼭대기에는 열대 정원(자르댕 드 에즈)이라고 하여, 다양한 선인장을 심어둔 작은 공원이 하나 있었다. 정원에서 내려다보는 바다 풍경도 환상적이다. 올라갈 때는 구름이 잔뜩 끼어 있었는데, 정원을 한 바퀴 돌고 나오니 갑자기 해가 '빵긋!' 푸른 하늘이 보였다. 여행자의 아쉬운 마음을 알아차렸는지 전혀 다른 얼굴을 보여주었다.

니체는 이곳에서 '신은 죽었다'고 말하는 자신의 분신 차라투스트라를 그려냈다. 이 아름다운 마을은 인간이 빚어낸 작품이기에 그런 생각을 한 것일까? 철학의 세계는 아무래도 어렵다.

Info

니스에서 에즈 빌리지까지는 82번 버스로 35분 소요된다. 차가 자주 있지 않으니 미리 시간표를 보고 가는 것이 좋다. 기차를 타고 간다면 에즈 기차역에서 내려 마을까지 가는 길이 가깝지는 않다. 역에서 다시 버스를 타야 한다. 에즈 빌리지 꼭대기에 있는 열대 정원은 입장료가 비싼 편이지만 마을과 바다 풍경을 한눈에 내려다볼 수 있어 들어가 봄직하다.

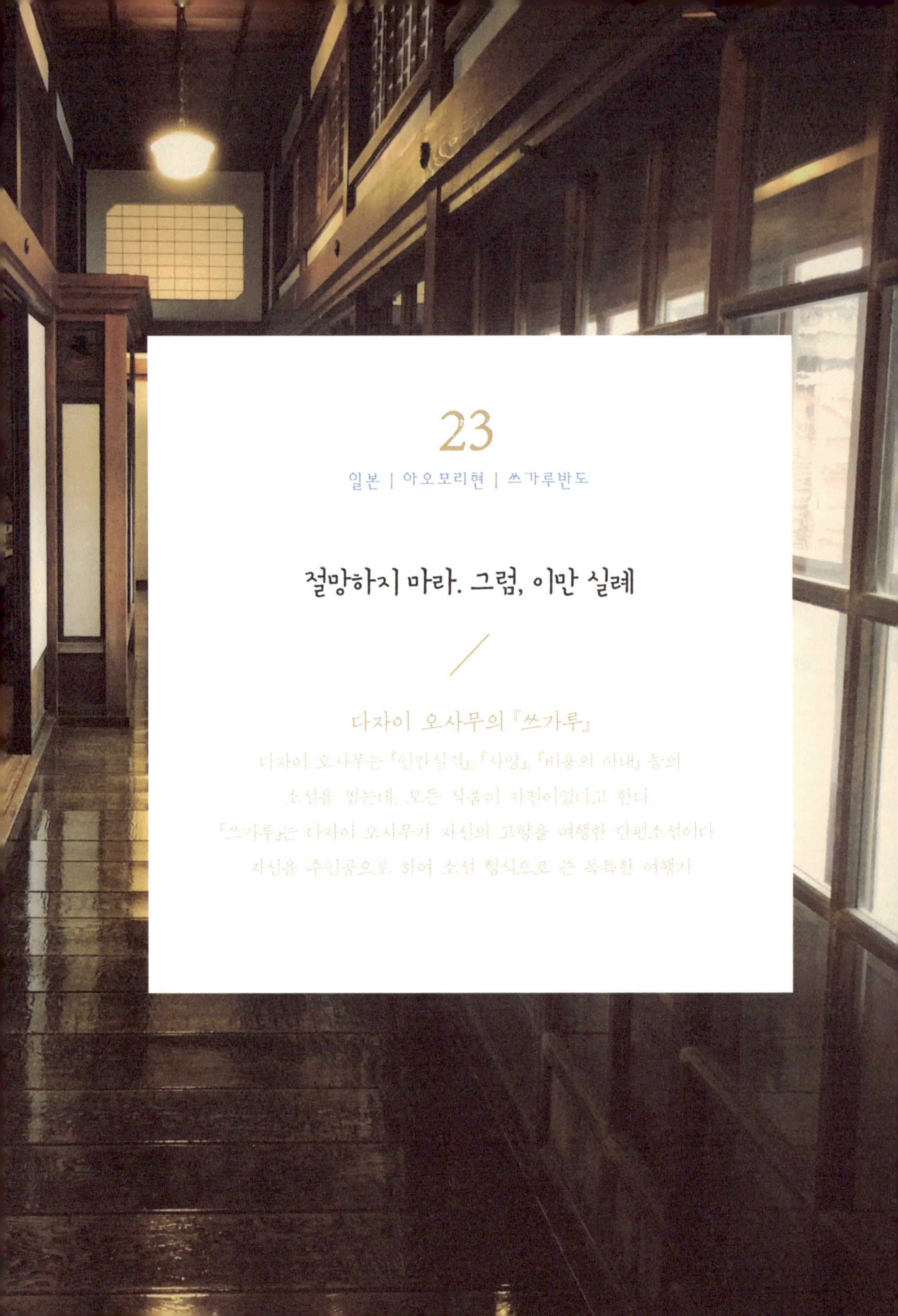

23

절망하지 마라. 그럼, 이만 실례

다자이 오사무의 『쓰가루』

다자이 오사무는 『인간실격』, 『사양』, 『비용의 아내』 등의
소설을 썼는데, 모든 작품이 자전이었다고 한다.
『쓰가루』는 다자이 오사무가 자신의 고향을 여행한 단편소설이다.
자신을 주인공으로 하여 소설 형식으로 쓴 독특한 여행기

"

나는 쓰가루 사람이다. 선조 대대로 쓰가루 번의 백성이었다.

말하자면 쓰가루 토박이이다. 그래서 조금도 거리낌 없이

이와 같이 쓰가루의 험담을 하는 것이다. 만약 다른 지방 사람이

나의 험담을 듣고서 안이하게 쓰가루를 무시한다면

나도 역시 불쾌하게 생각할 것이다.

누가 뭐라고 해도 나는 쓰가루를 사랑하기 때문에.

"

1944년 다자이 오사무는 출판사의 의뢰를 받아 쓰가루반도 일주를 떠났다. 여행을 다녀와서 쓴 작품 『쓰가루』는 여행기이지만 작가 자신이 주인공인 소설이기도 하다. 다자이는 아오모리현 쓰가루반도에 위치한 가나기에서 태어났다. 소설가가 된 후에는 대학에 진학해 도쿄에서 생활했지만 등교를 게을리했고 좌익운동을 하기도 했다. 대학을 중퇴한 뒤 맹장염으로 병원에 입원했다가 치료에 사용한 파미날 중독에 빠졌고, 자살시도를 거듭했다. 고통스런

나날을 보냈던 다자이는 자신이 태어난 지역과 그 주변을 여행하기로 했고, 나는 그 주인공의 발자취를 따라가 보기로 했다.

다자이는 먼저 아오모리에 가서 옛 하인을 만나고, 가니타에서 중학교 동급생을 만난다. 그리고 나서야 자신이 태어난 가나기로 향했다.

"

가니타를 출발하여 아오모리항에 도착한 것이 오후 세 시.
그로부터 오우 선으로 가와베까지 가서 가와베에서
고노 선으로 갈아타고 다섯 시경에 고쇼가와라에 도착,
곧장 쓰가루 철도로 쓰가루 평야를 북상하여 내가 태어난 곳인
가나기에 도착할 때는 이미 날이 어두워지고 있었다.

"

『쓰가루』의 배경을 되짚어가는 일은 꽤 흥미로웠다. 70여 년 후에 다자이의 본가로 향해 가는 우리의 이동경로가 책 속의 그와 똑같았기 때문. 여러모로 짐이 많이 필요했던 여행이었기에 나는 책을 여러 권 가져갈 수가 없었다. 오직 다자이 오사무의 『쓰가루』한 권으로 일주일간의 여행을 버텨야 했다. 쓰가루로 향하는 기차에서 읽으니 책에 나오는 지명과 기차의 안내방송으로

나오는 지명이 겹쳐져 술술 읽혔다. 아껴 읽어야 하는데…….

아오모리에서 출발한 우리는 우선 가와베라는 역에 내려 시간을 때워야 했다. 가와베역에서 내린 사람은 우리 둘뿐. 마을 산책이라도 하자며 걷기로 했다. 역 밖에 보이는 사람은 할머니와 할아버지 두 분뿐. 부부는 아닌 듯 길에서서 두런두런 이야기를 나누고 계셨다. 우리의 존재를 꽤 의식하는 듯한 할아버지의 눈빛이 느껴졌다. 대화가 끝나고 할머니가 자리를 뜨니, 할아버지는 곧장 우리에게 말을 붙이셨다.

“이 동네 뭐하러 왔니?”

“여기저기 여행하고 있어요.”

“여기 아아아~~~무 것도 없어.”

“네. 그렇네요. <u>흐흐흐</u>”

할아버지 말대로 아무 것도 없는 동네였다. 아무 것도 없어서 쓸데없는 것들에 주목하게 된다. 월세가 무려 3만 6천엔? 심지어 일층은 술집인 듯한데……. 이 집에 사는 사람들은 어디로 회사를 다닐까? 하루에 전차가 몇 대 없으니 출퇴근은 자가용으로 해야겠지? 나중에 이런 곳에 와서 살아볼래? 등 우리는 아무래도 좋을 이야기만 늘어놓고 있었다. 목이 말라 들어간 동네슈퍼에는 물건마다 먼지가 두툼히 내려앉아 있었다. 기차는 언제나 올까. 할 일이 너무나도 없었다.

다시 기차를 타고 고쇼가와라라는 역으로 가서 쓰가루 철도로 갈아타야 했다. 다자이는 동반자살 미수 사건을 저지른 후 뒤처리를 해주고 보살펴준 지인 나카하타를 고쇼가와라에서 만난다. 다자이 오사무는 1930년 카페 여종업원 다나베 아쓰미와 동반자살을 시도하는데, 다나베만 죽고 자신은 살아남아 자살방조죄로 조사를 받았다. 나카하타를 만나면 사건을 떠올릴 수밖에 없지만, 다자이에게 고쇼가와라는 좋은 기억이 남아 있는 장소였다. 어린 시절 다자이를 돌봐준 숙모가 분가 후 고쇼가와라에서 지냈기 때문에 자주 놀러간 곳이었다.

고쇼가와라에서 탄 쓰가루 철도는 한 사람당 400엔을 더 내면 스토브 객차에 탈 수 있었다. 스토브 객차는 말 그대로 스토브가 있어서 그 위에 오징어를 구워먹을 수 있는 시스템이었다. 어쩌다 보니(사실 역무원의 설명을 흘려듣다가) 돈을 더 주고 스토브 객차에 앉아 있었다. 다자이 오사무도 같은 칸에 탔을지 모른다는 생각이 들 정도로 낡은 기차였다.

스토브 바로 옆은 이미 할머니 한 분과 할아버지 두 분의 여행조합에 의해 선점되어 있었다. 스토브가 있는 열차에서는 유니폼을 입은 안내원이 가는 여정 내내 함께했다. 오징어를 주문하면 오징어를 구워주고, 이야기 상대가 되어주었다. 다자이도 안내원과 수다를 떨며 집으로 향했을까? 할아버지 할머니 그룹은 일본의 남쪽 도시 후쿠오카에서 혼슈의 최북단인 이곳 아오모리까지 여행을 왔다고 했다. 스토브 열차의 낭만을 충분히 이해하는 연령대인지 오징어도 샀다. 나는 옆에서 남편이 "스토브 하나 붙어 있다고 400엔이나 더 받는 것은 도둑"이라며 툴툴대고 있었기 때문에 맥주 두 캔만 주문했다. 할머니가 다 구워진 오징어를 휴지에 담아 나눠주셨다. 여행을 하다보면 상대가 불편함을 느끼지 않게 세련된 호의를 베푸는 어른들을 만나곤 한다. 그렇게 나이를 먹고 싶다 생각했다.

가나기역에서 내려 500미터 정도 걸어서 드디어 다자이 오사무가 태어난 곳에 도착했다. 동네 풍경과 어울리지 않는 으리으리한 대저택이 솟아 있었다. 한 채의 성처럼도 보였다. 자기혐오에 빠져 허우적거리던 청년. 몇 차례나 자살시도를 했던 남자. 좌익운동으로 도망 다니던 학생. 아이러니하게도 그의 집은 부유했다. 방들은 모두 큼직하게 펼쳐 있었다. 집 안에는 금이 덕지덕지 붙은 불상까지 있었다.

"금수저였네?"

남편이 답했다.

"이 정도는 되어야 먹고 살 걱정 없이 글 썼겠지."

나는 고개를 끄덕였다. 하인 30명을 두었다고 하는 쓰시마 가(다자이 오사무의 본명은 쓰시마 슈지다). 대지주였던 집안에 데릴사위로 들어온 쓰시마 슈지의 아버지는 정치가였다. 어머니는 몸이 약하기도 했고 아버지를 따라 집을 자주 비웠다. 어린 슈지는 숙모와 하녀 다케 손에서 성장하였다. 그러나 다자이 오사무는 어린 시절부터 자신이 태어난 집안의 부를 괴로워했고, 부끄러워했다. 부잣집 아들처럼 보이고 싶지 않아 스스로를 우스꽝스러운 사람으로 포장했다. 여름에 입는 유카타 안에 빨간 털실로 된 스웨터를 입고 돌아다니며 하인들을 비롯한 집안사람들을 웃겼다. 그러면서도 자신의 이런 성격을 천박하다 여겼고, 다시 괴로워했다.

소설 『쓰가루』의 말미에 그는 자신에게 글을 가르쳐준 하녀 다케를 만나러 간다. 그리고 자신이 왜 이러한 인물이 되었는지 답을 찾는다.

'아아! 나는 다케를 닮았다'고 생각했다. 형제 중에서,
나 홀로 거칠고 세련되지 못하고 차분하지 못한 점이 있는 것은
이 슬픈 키워준 부모의 영향이라는 것을 깨달았다.
나는 이때 비로소 내 성장 과정의 본질을 분명히 알게 되었다.
나는 결단코 고상하게 자란 남자는 아니다.
그 때문에 부잣집 아이답지 않은 면이 있다.

그를 괴롭게 만들었던 배경은 화려했지만 왠지 모르게 씨늘했다.

Info

고쇼가와라역에서 쓰가루 철도를 타고 20분 정도 가면 가나기역이 나온다. 가나기역에서 내려 5분
정도 걸어가면 다자이 오사무의 옛 집인 사양관을 만날 수 있다.

24

일본 | 가나가와현 | 가마쿠라

바닷마을 다이어리를 걷다

요시다 아키미의 『바닷마을 다이어리』
가마쿠라에 살고 있는 세 자매는 어린 시절 자신들을 떠난
아버지의 부고 소식을 듣고 장례식에 참석하게 된다.
그곳에서 이복동생 스즈를 처음 만나게 되고, 함께 살자고 권한다.
마음이 정화되는 장면이 듬뿍 담겨 있다

요코하마에 교환학생으로 가서 일 년을 보낸 적이 있다. 기숙사에서 멀지 않은 곳에 가마쿠라라는 아름다운 도시가 있었다. 벚꽃이 필 때, 단풍이 근사할 때, 새해가 시작될 때, 나는 서너 번 정도 그곳에 다녀왔다. 그로부터 꽤 오랜 시간이 지난 후 어느 날. 가마쿠라에 다시 한 번 가보고 싶다는 생각이 든 것은 느닷없이 빠져버린 만화책 때문이었다.

『바닷마을 다이어리』는 가마쿠라에 살고 있는 세 자매의 집에 이복동생 스즈가 함께 살기로 하면서 이야기가 시작된다. 가마쿠라 시민병원에서 일하는 첫째 언니 사치, 신용금고에 다니는 술꾼 요시노는 둘째, 스포츠용품점에서 일하는 셋째 치카, 그리고 막내 스즈는 축구를 좋아한다. 일을 나가고 학교에 다니고, 연애를 하고, 때때로 넷이 함께 저녁을 먹는다. 소소하고 평범한 삶이 평화롭게 담겨 있다. 만화 속 풍경들은 대부분 가마쿠라의 실제 장소를 모델로 한다.

도쿄 근교에 위치한 가마쿠라 일대는 에노덴 전차만 익숙해지면 큰 불편함 없이 여행할 수 있다. 에노덴은 후지사와에서 가마쿠라까지 약 10킬로미터의 구간을 달리는 작은 전차. 마을 구석구석을 지난다. '노리 오리군'이라고 하여 하루 600엔에 무제한으로 타고 내릴 수 있는 승차권을 사서 돌아다녔다.

황금 같은 휴가를 얻어 가게 된 여행이었다. 5년 동안 다닌 회사를 그만 두었기 때문이다. 내 마음도 가마쿠라의 바닷바람도 시원했다. 먼저 축구선수를 꿈꾸던 스즈의 친구 유야가 자살시도를 하는 줄로 오해했던 장소인 고료 신사에 가보기로 했다. 축구부의 에이스 유야는 갑작스러운 병을 얻어 다리를 절단하게 된다. 스즈와 후타는 고료 신사 앞에서 허리를 굽히고 있던 유야를 목격한다. 고료 신사는 아찔한 장면이 연출되기에 최적의 장소였다. 신사 바로 앞으로 에노덴 전차가 지나기 때문이다. 손을 뻗으면 달리는 전차를 만질 수 있을 정도로 가깝다. 전차가 지나가는 순간을 사진에 잘 담아보고 싶었지만, 나의 사진 실력이 부족했다. 한 대 더 오길 기다려 보려다가 금세 지루해져, 바닷가 쪽으로 걸어 나갔다.

스즈와 후타가 즐겨 먹는 후쿠멘 만주집이 보였다. 나도 하나 사서 먹어 보았다. 웃기게 생긴 모양에 비하여 맛은 비교적 평범했다. 호두가 들어 있지 않은 호두과자 맛이었다.

가마쿠라 곳곳엔 고古민가가 남아 있어 풍취가 감돌았고, 특별히 어디로 향하지 않아도 근사했다. 바다와 어우러진 고풍스러운 분위기를 걷는 것만으로 마음에 여유가 생겼다.

이튿날 호텔 창문 밖을 보니 구름이 잔뜩 끼어 있었다. 바닷바람도 시원

함을 넘어서고 있었다. 바닷가를 걷기보다 어디론가 들어가 있는 것이 좋을 것 같아 첫째 언니 사치와 막내 스즈, 두 남매가 진로에 대해 이야기를 나누는 장면 속 찻집을 찾아가보기로 했다. 와다즈카역에 내렸다. 지도에는 분명 철로변에 있다고 나와 있는데 돌고 돌아도 도저히 입구를 만나기 어려웠다. 30, 40분 동안 그 일대를 헤맸다. 알고 보니 선로를 따라 걸어 들어가야 찻집 무신안의 입구를 만날 수 있었다.

만화책을 펼쳐 사치 앞에 놓인 디저트 그림을 유심히 살폈다. 똑같이 생긴 메뉴를 찾아냈다. 안마메칸. 떡 두 개와 앙꼬, 한천과 조린 완두콩에 흑설탕 조청인 쿠로미츠를 끼얹어 먹는 디저트였다. 달달한 것들을 입 안 가득 넣으니 오랜 시간을 헤매며 쌓아온 피로가 녹아내렸다. 딴딴하게 알이 꽉 차 있는 콩은 식감이 좋았고, 극도로 단 음식과 곁들여 나온 쌉쌀한 우롱차가 참 잘 어울렸다. 손님은 나뿐이어서 정적이 맴돌았다. 초록빛이 좋은 정원 곁에 앉아 있으니, 바람이 불어들 때마다 풍경 소리가 들려왔다. 그 소리는 때때로 전차가 들어오는 소리와도 어우러졌다.

날씨가 더 궂기 시작해서 숙소로 돌아갈까 망설였다. 초저녁에 방에 혼자 들어가 있기도 뭐 해서 사스케 신사에 들러 보기로 했다. 신사는 스즈와 셋째 치카가 '둘째 요시노의 남자 친구가 이상한 사람인 것 같다'는 의심에 뒤를 밟으며 따라간 곳이다.

사스케이나리 신사는 출세운, 사업운의 신사로 유명하다. 이번 여행은 이직을 앞두고 남은 연차를 소진하는 휴가였다. 그렇다면 절묘하게 잘 찾아 왔는가? 입구 앞에 서니, 숲이 우거진 깊숙한 곳에 자리 잡고 있어 혼자 들어 가기엔 으스스했다. 붉은색 도리이[1]들이 무시무시했다. 식은땀을 잔뜩 뿜어 내며 조금씩 올라가다가 신사에 다다랐을 땐, 눈을 치켜뜨고 나를 노려보는 여우 동상들 때문에 깜짝 놀라 자지러질 뻔했다. 이들은 신의 심부름꾼이라 고 한다. 심부름꾼들이 이렇게 무섭게 생겼다니. 누군가가 와주길 간절히 바 라면서도 정작 누군가가 오는 것을 두려워하며, 경내를 대강대강 둘러보고 황급히 뛰어내려 갔다.

과연 출세운도 나의 빠른 발을 따라와줬을 것인가?

---

1) 일본 신사의 경내로 들어가는 입구의 문.

Info

고료 신사, 후쿠멘 만주를 파는 치카라모치야는 에노덴 전차 하세역에서 도보로 6분, 4분 거리에 있다. 무신안은 와다즈카역에서 내려 선로를 따라 걸으면 2분 정도 소요된다. 사스케이나리 신사는 꽤 깊숙한 곳에 위치해 있어, 가마쿠라역에서 20분 (1.5km) 정도 걸어가야 한다.

25

일본 | 아키타현 | 오다테시

아키타에 하치를 만나러 갑니다

영화 『하치 이야기』
하늘나라로 떠난 주인을
10년 동안이나 역 앞에서 기다린 개의 이야기.
실화다

"왜 없지?"

"뭐가?"

"아키타현에 왔는데 아키타견이 한 마리도 없어."

"음……. 진도에 가면 길에 진돗개가 흔한가?"

언제, 어느 도시에서 한국으로 돌아가는지도 모르고 있던 신혼여행의 한 참가자(나의 남편!)가 꼭 들러야겠다고 한 곳이 아키타현이었다. '아키타견이 보고 싶어서 아키타현까지 왔는데 한 마리도 없다'고 투덜거리며 앞서 걷는 그를 따라 아키타견 보존회로 향했다. 작년에 영화 『하치 이야기』를 같이 본 우리는 한동안 '아키타견 앓이'를 해왔다.

영화는 실화를 바탕으로 한다. 1923년 11월 아키타현 오다테에서 태어난 아키타견 다섯 마리. 그중 한 마리가 두 달 만에 도쿄 시부야에 사는 우에노 교수 집으로 가게 된다. '하치'라는 이름을 얻게 된 강아지는 매일 주인의 출퇴근을 책임진다. 아침마다 시부야역까지 따라나서고, 퇴근 시간이면 역 앞으로 마중을 나간다. 그러던 어느 날, 우에노 교수는 그만 뇌출혈로 쓰러져 하치가 기다리고 있는 역으로 돌아오지 못한다. 하치는 그날부터 생을 마감하기까

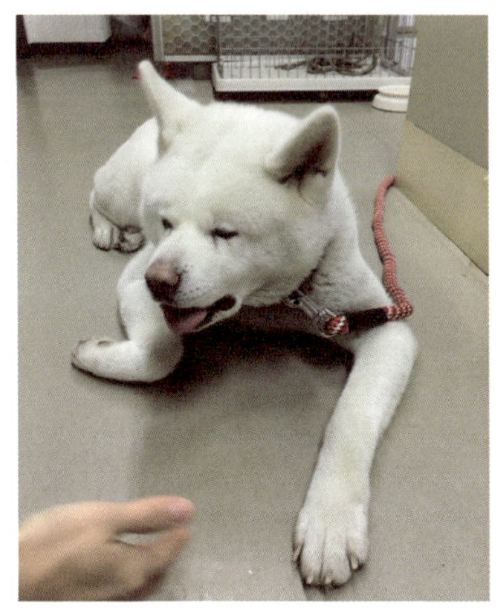

지 10년 동안 매일 역 앞에서 교수가 돌아오길 기다렸다. 시부야역에는 동상이 되어 여전히 주인을 기다리고 있는 하치가 있다.

아키타현 오다테 시 아키타견 보존회에 도착하니 하치와 똑 닮은 친구가 문을 지키고 있었다. 보존회는 아키타견과 관련된 연구회, 전시회, 관람회 등을 개최하고, 혈통서를 발행해주기도 하며, 아키타견의 종 보존을 위해 다양한 일을 하는 사단법인 협회다.

아키타견은 1931년에 일본의 천연기념물로 지정되었다. 주인에 대한 충성심이 강하고, 몸이 튼튼하며 기억력이 좋지만, 애교는 없다고 한다. 대충 우리의 견적을 파악한 듯한 문지기가 꼬리를 살랑살랑 흔들며 남편에게 덥석 안겼다. 언제 봤다고 절대 떨어지려 하지 않았다. 아키타견은 애교가 없다니?

새 패딩을 입은 나는 딱 봐도 화를 낼 것 같은지 다가오지 않았다. 굉장히 영특했다. 대신 내 앞에서는 등을 돌리고 서 있었다. 만져보라는 뜻으로 이해해도 될지. 등을 쓰다듬어보니 아주 두터운 담요 같았다. 털 한 가닥 한 가닥은 거칠어 보이는데 모이니 아주 폭신했다. 남편과 문지기는 한참 동안 장난을 쳤다. 남편의 옷은 이미 흙투성이. 누가 누구와 놀아주고 있는 것인지 슬슬 모호해지기 시작했다.

입관료가 있다고 들었는데, 이렇게 놀고 있어도 될까 걱정이 되어 서둘러 건물로 들어갔다. 쿠로베와 유키짱, 두 마리의 아키타견 소개가 담긴 패널이 서 있었다. 그 옆엔 둘의 명함도 놓여 있었다. 암컷인 유키짱은 눈처럼 하얀 털을 갖고 있다. 표정에서도 왠지 모를 여성스러움이 묻어났다. 따뜻한 보존회 사무실 안에서 수납을 담당한다고 한다. 물론 표를 유키짱이 건네주진 않았다. 바닥에 배를 딱 붙이고 있는 유키짱에게 "테(손)!" 하며 손(발?)을 달라고 해보았다. 앞발을 뒤로 슬금슬금 뺐다. 다른 손을 달라고 하니 그쪽도 슬며시 뒤로 뺐다. 이상한 포즈가 되어버린 유키짱. 놀고 싶지 않은 기분인 듯 했다. 그나저나 검은 털을 가진 쿠로베는 오늘 휴가인가?

3층은 박물관으로 꾸며 있다고 해서 올라가 보았다. 고대 아키타견의 모습과 이 지역 사람들의 삶, 당시 신문보도를 포함한 하치 관련 자료, 아키타견 보존회의 역사, 유명인사들과 아키타견 사진 등 다양한 주제가 알차게 구성되어 있었다. 오래된 사진을 보면 아키타견은 늑대에 가까운 모습을 하고 있었다.

나는 아키타현에 가기 전에 일본어능력시험을 봤었다. 마치고 나오는 문을 통과하는 순간 시험에 대해서 모두 잊어버리기 때문에 평소에는 답도 맞춰보지 못하는 나. 박물관을 둘러보다 보니 시험에 나왔던 한 지문이 불현듯 떠올랐다. 지문 내용은 이랬다. 보통 개의 유래를 이야기할 때 인간이 사냥에 도움을 받고자 늑대를 키우기 시작하다가 점차 길들여지면서 개가 되었다는 견해가 많다. 그러나 지문에는 먹이다툼에서 밀려난 약한 늑대들이 오히려 인간을 찾아왔다는 주장이 담겨 있었다. 인간을 이용해 먹고 살고자 했다는 것.

생각의 전환이 흥미로웠고, 언젠가 우리에게도 우리를 필요로 하는 친구가 와주면 좋겠다 생각했다. 박물관을 둘러보고 내려오니 기차를 타야 할 시간이 다가와 있었다. 문을 나서려는 순간.

"깜짝이야!"

패널에 '샤이보이'라 소개되어 있던 쿠로베. 숨소리도 내지 않고 회관 로비에 다소곳이 엎드려 있었다. 소개문 하단에 적혀 있다.

'있는지 알아차리지 못할 때도 있습니다.'

하마터면 쿠로베를 나중에 사진 속에서 만날 뻔 했다.

Info

아키타견 보존회는 오다테역에서 도보로 30분 거리에 위치해 있다. 기간에 따라 휴관하는 날도 있으니 미리 홈페이지를 확인하고 가는 것이 좋다.
:: 홈페이지 http://www.akitainu-hozonkai.com

26

핀란드 | 헬싱키

마냥 녹아들 수 있을 것 같았다

영화 『카모메 식당』에서 미도리를 연기한
가타기리 하이리의 『나의 핀란드 여행』

배우 가타기리 하이리는 영화 촬영을 위해 한 달간 핀란드에 머물게 된다.
『카모메 식당』 촬영현장 스케치뿐 아니라, 헬싱키 시내 산책기,
촬영이 끝난 후 다녀온 핀란드 농장 체험기 등 솔직하고 담백한
여행기가 듬뿍 담겨 있다. 게다가 가타기리가 직접 그린 손그림까지!
읽고 나면 그녀의 매력에 푹 빠지게 된다.

"

도쿄는 지옥의 열대야입니까?

이곳은 투명한 바람이 부는 백야의 해 질 녘입니다.

지금은 저녁 6시입니다만, 바깥에는 아이들 노는 소리가 들립니다.

아직 해가 지려면 멀어서 나도 지금부터 놀러 나갑니다.

"

핀란드 헬싱키에서 닷새를 머물게 된 나는 며칠만이라도 여행자가 아닌, 생활인으로 지내고 싶었다. 마음가짐 탓일까, 영화나 책을 통해 많이 접하고 와서일까, 자주 오갈 수 있는 일본과 닮았다 느꼈기 때문일까. 도시의 첫인상이 낯설지 않았다. 자연스레 노면전차를 타고 내렸고, '많은 명소를 가봐야 한다'는 압박에 시달리지도 않았다. 서점에서, 공원에서, 잔디에 앉아서, 책을 읽고, 아이스크림을 먹고, 친구와 수다를 떨며 헬싱키의 시간을 보냈다.

헬싱키로 여행을 떠나게 된 것은 우리나라에도 잘 알려진 일본 힐링영화의 대명사 『카모메 식당』이 큰 역할을 했다. 그러나 무엇보다 비행기 티켓을 산

결정적인 이유는 영화에서 미도리 역할을 맡은 가타기리 하이리의 글 솜씨 때문이었다. 『나의 핀란드 여행』을 읽고 '헬싱키엔 꼭 한 번 가보고 싶다'는 생각이 간절해졌다.

우리는 자정이 다 되어서 헬싱키에 도착했다. 호텔 방안에 들어서니 마침 해가 저물고 있었다. 백야의 나라에서 만나는 해 질 녘 색감은 정말로 근사했다. 가타기리는 헬싱키의 석양을 보며 "내 방은 그리고 이 도시는 백야의 해 질 녘 불빛에 더욱 아름답게 녹아드는 것 같은 기분이 들었다"고 했다. "녹아드는 것 같은 기분"이라는 표현이 가슴에 와 닿았다. 너무 강렬하지 않고 개성이 뚜렷하지도 않은 부드러운 파스텔톤의 석양. 이 석양 풍경에, 이 색감에, 이 도시에 나 역시 마냥 녹아들 수 있을 것 같았다. 아니 녹아들고 싶었다. 밤 11시 반이면(자정이 다 되어서야) 석양을 만날 수 있다는 사실은 시간이 소중한 여행자 마음에 커다란 여유를 가져다준다.

일찍 일어났음에도 해가 중천에 떠 있는 것 같던 헬싱키의 이튿날 아침. 헬싱키를 여행하는 사람이라면 누구나 한 번쯤 가보는 헬싱키 대성당으로 향했다. 트램에서 내려 대성당을 바라보니 비행기구름이 성당 뒤를 관통하고 있었다. 그 밑에 뭉게구름이 뭉게뭉게 깔려 있었다. 이런 모습을 보면 굉장히 특별한 사람이 된 것 같은 착각에 빠진다. 구름의 절묘한 조합을 마치 이 세상에서 나 혼자 본 것처럼.

　카모메 식당의 영화감독 오기가미 나오코는 영화를 만들기 전 작가 무레 요코에게 같은 제목의 소설을 집필해 달라 요청했다. 무레 요코의 소설을 원작으로 하여 영화를 제작하였지만, 영화에는 소설에 담기지 않은, 감독의 상상 속 주인공들 모습이 담겨 있다. 물론 영화와 소설의 기본 줄거리는 동일하다. 주인공 사치에가 헬싱키에서 오니기리(주먹밥)를 대표 메뉴로 하는 작은

식당을 열게 된다. 그리고 세계지도를 펼쳐 아무렇게나 찍은 곳이 핀란드여서 오게 된 미도리와 공항에서 가방을 잃어버린 마사코가 함께 일하게 된다. 아무도 오지 않던 가게에 손님들이 하나둘 모이기 시작하며 소소한 에피소드가 꾸려진다.

대성당과 우스펜스키 사원, 항구식당을 보고 호텔로 돌아온 우리는 핀란드식 사우나를 체험해보기로 했다. 가타기리 하이리도 영화 촬영을 마친 후 홀로 떠난 핀란드 농장 여행에서 사우나를 즐겼기 때문에 나는 이곳의 사우나를 잔뜩 기대하고 있었다.

사우나는 아주 뜨겁진 않아 오래 앉아 있을 수 있었다. 홀로 앉아 있어 타인의 온기가 없었던 탓인지 발이 좀처럼 달궈지지 않았다. 석탄 같은 돌 위에 물을 끼얹고 사르르 올라오는 증기에 발을 가져다 댔다. 그리고 친구가 들어왔고, 다른 동양인 여자가 들어왔다. 나는 괴상한 포즈가 되어버린 발 데우기를 그만 두고 얌전히 앉았다. 동양인 여자가 우리에게 말을 걸었다.

"혹시 일본인이신가요?"

"아 저는 일본인이고, 이 친구는 한국 사람입니다."

우리와 나이가 비슷해 보이던 그녀는 친구의 결혼식에 참석하기 위해 헬싱키까지 왔다고 했다. 결혼식의 피로연이 영화 『카모메 식당』을 촬영한 곳에서 열려 그곳에서 식사를 하고 돌아온 길이란다. 그녀는 '음식 맛이 기대만 못했다'는 귀띔도 주었다. 벌거벗은 상태에서 오간 대화라 믿을 만했다.

우리는 여전히 식당으로 운영되고 있는 『카모메 식당』 촬영지의 외관만이라도 보러 가보기로 했다. 사우나에서 얻게 된 조언도 있고 해서 그곳에서 밥을 먹을 계획 없이 저녁 산책 겸 간 것이다. 나의 마음 한편에는 다시 올 수 있을 사람처럼 굴고 싶은 마음도 있었다. 마침 우리가 찾아간 날은 휴무였다. 영화 촬영지라는 거창한 타이틀이 어울리지 않는 소박한 동네 식당이었다.

"이젠 저녁식사를 할 곳을 정해야 하는데?"

그때, 영화『카모메 식당』에서 인상 깊었던 장면이 하나 떠올랐다. 주인공들이 모두 선글라스를 끼고 카페에 나란히 앉아 광합성을 하던 장면. 친구와 나는 이번 여행의 마지막 식사를 이 장면이 촬영된 카페 우르술라에서 하기로 했다. 화이트 와인과 새우 오픈 샌드위치를 주문하고 노천 테이블에 앉았다. 연한 핑크, 아이보리, 옅은 블루 등 은은한 파스텔색을 내뿜으며 가라앉고 있는 석양을 애틋한 마음으로 바라보았다. 혼자 식사를 하던 핀란드 할아버지가 우리에게 '맑은 눈을 가졌다'고 칭찬해주었다. 석양빛이 우리들의 눈에 녹아들었던 것일까. 여행이 끝나고 '생활전선'에 돌아가면 석양빛을 담았던 눈은 다시 회색빛 일상으로 채워지겠지. 그 생각에 친구도 나도 조금 슬퍼졌다.

Info

카페 '우르술라'에서는 커피, 맥주, 와인 등의 음료를 즐길 수도 있고, 오픈 샌드위치, 시나몬롤 등으로 간단한 식사도 가능하다. 가격이 저렴하진 않지만 분위기가 근사하다.
:: 홈페이지 http://www.ursula.fi

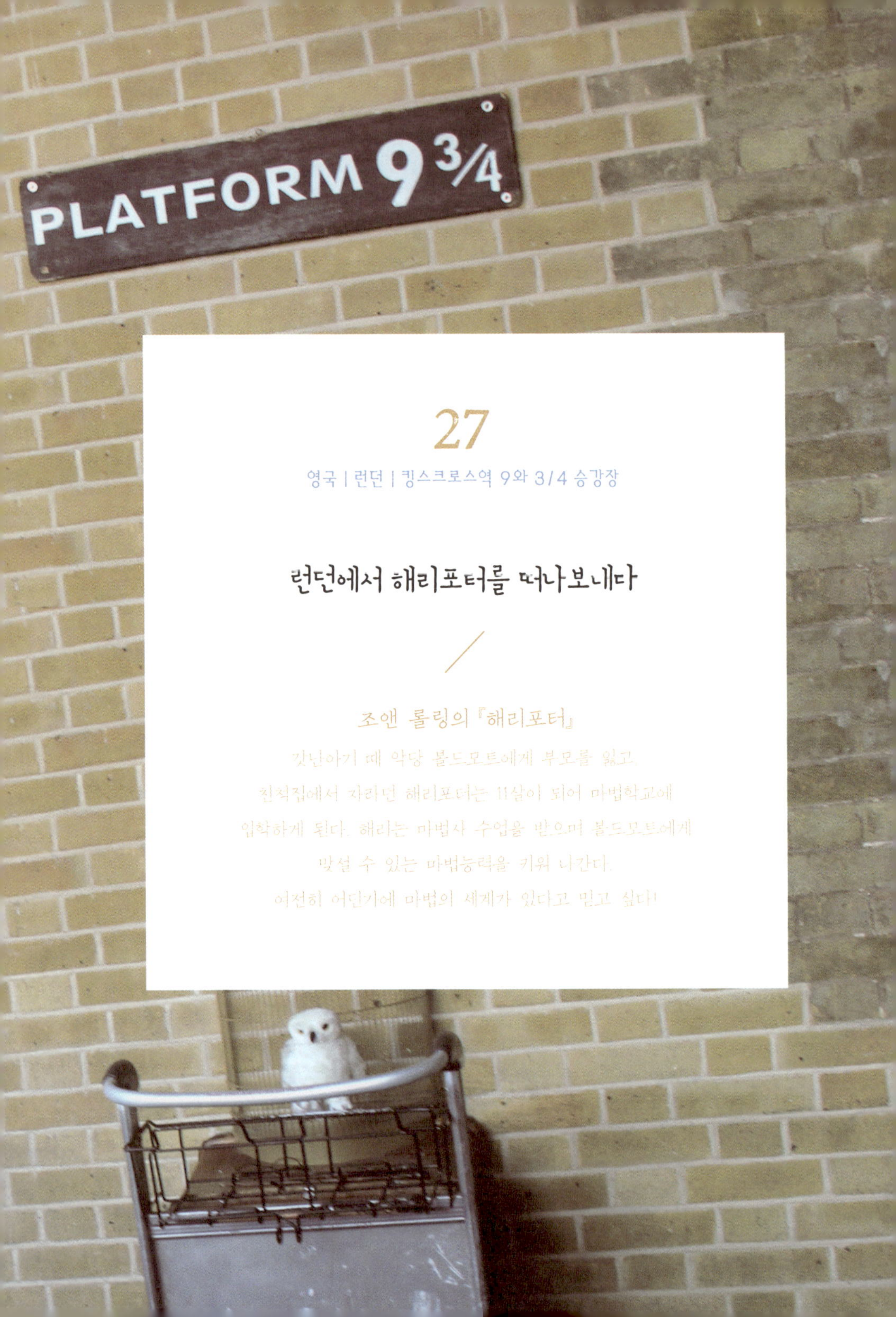

27

영국 | 런던 | 킹스크로스역 9와 3/4 승강장

런던에서 해리포터를 떠나보내다

조앤 롤링의 『해리포터』

갓난아기 때 악당 볼드모트에게 부모를 잃고,
친척집에서 자라던 해리포터는 11살이 되어 마법학교에
입학하게 된다. 해리는 마법사 수업을 받으며 볼드모트에게
맞설 수 있는 마법능력을 키워 나간다.
여전히 어딘가에 마법의 세계가 있다고 믿고 싶다!

"루모스!"

『해리포터』에서 지팡이 끝에 불을 켜는 주문이다. 범용적인 단어인지 모르겠지만, 나는 '해리포터 세대'다. 어린 시절 해리포터의 다음 시리즈가 나오기를 애타게 기다렸고, 한국어 번역본이 나오자마자 엄마를 졸라 책을 사서 친구들과 돌려보았다. 또 같은 또래의 배우들이 연기하는 영화를 관람하러 다녔고, 세 명의 주인공 해리포터, 헤르미온느, 론과 함께 성장했다.

『해리포터』는 영국작가 조앤 K. 롤링의 작품으로 1997년 처음 출간되어 10년에 걸쳐 7개의 시리즈로 완성되었다. 전 세계적으로 4억 5천만 부 이상이 팔려 해리포터 신드롬을 일으킨 작품이다. 주인공 해리포터는 어릴 때 부모님을 잃고 친척집 더즐리 가에서 천대를 받으며 자란다. 그리곤 11살이 되던 해, 호그와트 마법학교로부터 입학편지를 받게 된다. 호그와트의 사냥터지기인 해그리드는 해리포터를 데리고 입학준비물을 사러 런던으로 향한다. 평범한 거리 위에 있는 한 술집에 들어가니, 마법사들의 세계가 열렸다. 나에게 런던행은 해리포터의 마법 세계로 떠나는 것과도 같은 설렘이었다.

런던에 도착한 우리는 숙소에 짐을 풀고, 슈퍼마켓에 먹을 것을 사러 나갔다. 호텔 바로 앞 골목길에 굉장히 많은 사람들이 정장을 입고 서서 맥주를 마시고 있었다.

"오늘 금요일이라 퇴근 무렵에 이렇게 한잔씩 하고 가나 봐."

(나중에 알게 된 사실이지만 이 풍경은 비단 금요일만의 일은 아니었다.)

친구와 나도 분위기에 휩쓸려 슈퍼마켓을 찾다 말고 펍에 들어갔다. 처음 들어간 펍 안에서 어리둥절하고 있는 우리들에게 손님인지 주인인지 모를 서너 명의 아저씨들이 모여들었다. 한 아저씨가(아마 주인이나 점원이었을 것이다) 여러 개의 맥주 꼭지에서 맥주를 조금씩 뽑아 컵에 담더니 마셔보라고 권했다. 아저씨 그룹은 우리가 한 모금 한 모금 마실 때마다 표정을 살피더니, 이 사람 저 사람 말을 보탰다. 시음만 해도 한 잔은 거뜬히 채운 듯한데, 처음에 마신 것은 맛이 기억이 안 나 가장 나중 것으로 고른 우리. 그랬더니 '좋은 선택'이라는 듯 고개를 끄덕거리던 아저씨 그룹. 그리곤 자연스레 흩어져 우리 둘이 편하게 시간을 보내도록 만들어주었다. 이런 게 펍이란 곳이구나. 도착한 날부터 왠지 런더너의 삶 속으로 파고들었단 생각이 들어 뿌듯해졌다.

그러고 보니 해리포터도 해그리드와 함께 들어간 술집 리키 콜드런에서 굉장한 환대를 받았다. 해리포터는 11살이 되어서야 자신이 마법사임을 알게 되었지만, 사실 어둠의 마왕 볼트모트의 공격에서 살아남은 아기로 마법세계에서는 이미 유명 인사였다.

우리가 들어간 펍은 레든홀 마켓 안에 있었다. 이곳은 2001년에 개봉한 영화 『해리포터와 마법사의 돌』에 담겨 있다. 영화 속의 해리는 해그리드를 따라 레든홀 마켓 거리를 걷다가 리키 콜드런으로 들어가게 된다. 우리와 해리포터 모두 레든홀 마켓에서 술집에 들어간 것이다! 레든홀 마켓은 14세기부터 시장이었다고 하는데, 정육점, 치즈 판매점, 꽃집 등의 가게가 평일 아침부터 밤 늦게까지 영업한다. 나는 슈퍼를 찾아가다가 우연히 지나친 곳인 줄 알았는데, 알고 보니 해리포터 팬인 친구가 일부러 가까이에 호텔을 잡았다고 수줍게 고백했다. 우리는 정겨운 펍 안에서 어린 시절의 일부를 함께한 해리포터 이야기로 한참을 떠들었다.

서로가 해리포터의 팬이었음을 알게 된 이상, 여행일정에서 '9와 3/4번 승강장'을 빼놓을 수 없었다. 호그와트 마법학교로 향하는 기차는 킹스 크로스역에 있는 9와 3/4번 승강장에서 탑승할 수 있다. 우린 입학식을 맞이하여 두근거리던 해리의 마음을 안고 승강장으로 향했다. 해리는 근처에서 론 가족의 도움을 받아 눈에 보이지 않는 9와 3/4번 승강장으로 뛰어들었다. 킹스 크로스역은 어딘가로 떠나고 돌아오는 사람들과, 해리포터를 사랑하는 사람들이 모여 엄청난 인파에 뒤덮여 있었다.

우리는 역 안에 관광명소로 조성해둔 9와 3/4번 승강장에서 한 시간 넘게 줄을 선 후 목도리를 두르고, 사진 한 장을 찍었다. 이렇게 줄을 서 있다간 마법사임이 금방 탄로가 날 것이라고 초조해하며……. 나는 이상하게 하루에도 수백 명에게 목도리를 둘러주고, 미소를 지으며 사진을 찍어야 하는 안내원의 고단함이 신경이 쓰였다. 그리곤 다시 인산인해를 이루고 있던 해리포터 기념품숍에 들어갔다. 어린 시절의 나였다면 망토고 목도리고 엄마에게 사달라고 징징댔겠지만, 결제를 하기 위해 또 다시 긴 줄을 서야 하는 일이 번거로워 그만두었다. 지팡이를 휘두르며 주문을 외치기엔 내가 너무 커버린 걸까? 안내원이 직업인으로 보이는 나는 더 이상 아이가 아닌 어른이었다. 이제는 해리포터를 마음에서 떠나보내야지. 마지막으로 지팡이 끝에 불을 끄는 주문을 외치며…….

"녹스!"

Info

킹스 크로스역 안에 위치한 해리포터숍에는 호그와트 마법학교의 기숙사별 스웨터, 목도리, 모자 등을 비롯하여 해리포터가 키운 흰 부엉이 인형, 마법지팡이 등을 판매하고 있다.

28
일본 | 가마쿠라 | 메이게쓰인

가마쿠라에서 새로운 색을 알게 되다

요시다 아키미의 『한낮에 뜬 달 - 바닷마을 다이어리 2』
할머니의 기일이 다가오자 오랫동안 연락이 없던
사치, 요시노, 치카의 어머니가 갑자기 집으로 찾아오겠다고 한다.
함께 살고 있는 배다른 막내 동생 스즈는
부인이 있는 남자를 좋아한 자신의 엄마를 떠올린다.
사치는 어머니를 배웅하며 한낮에 떠 있는 달을 마주한다.
한낮에 하늘을 올려다보게 만드는 만화

"

생각지도 못했던 것이 어느 날 문득 모습을 드러낸다.
한낮에 우연히 눈에 띈 그 달처럼.

"

나는 꽃 중에서 수국을 제일 좋아한다. 작은 꽃들이 동그랗게 모여 있는 모습이 참 탐스럽다. 흰색, 파스텔톤 분홍, 진한 분홍, 짙은 초록, 연두, 담청색, 보라 등 색도 모양도 다양한 수국 꽃은 장마와 함께 다가온다. 수국의 계절에 다시 찾아간 가마쿠라에는 초록뿐이었던 풍경에 화려한 색감이 몽글몽글 더해져 있었다. 수국이 만개한 『바닷마을 다이어리 2』의 표지를 실제로 만나 보고자 나는 가마쿠라역에서 내려 30분을 걸었다.

『바닷마을 다이어리』는 일본 도쿄의 근교도시 가마쿠라의 실제 명소를 배경으로 이야기가 전개된다. 사치, 요시노, 치카 세 자매의 집에 이복동생 스즈가 함께 살기 시작한다. 코다 집안의 네 자매 일상이 담긴 따뜻한 스토리.

『바닷마을 다이어리 2』 표지엔 가마쿠라에 있는 사찰 메이게쓰인이 담겨 있으나 내용 중 이곳을 배경으로 하는 에피소드는 없다. 그러나 5, 6월의 가마쿠라를 배경으로 이야기가 진행되기 때문에 만화 구석구석에 수국이 한창 피어 있다. 후반부에는 매실도 영글어 스즈의 친구들은 매실을 따고, 코다 자매는 함께 매실주를 담근다.

메이게쓰인을 향해 걸어가던 나는 절이니 문을 닫을 일이 없을 거란 안이한 생각을 했다. 300미터를 남겨두고 오후 다섯 시에 문을 닫는다는 사실을 알게 되었다. 현재 시각은 4시 40분. 남은 시간은 고작 20분! 전력질주를 했다. 메이게쓰인은 1160년에 야마노우치 쓰네토시란 사람이 창건한 메이게쓰암에 기원을 둔 오랜 사찰이다. 수국이 아름답기로 유명하다.

문을 닫을 시간이 다 되어 도착한 것은 결과적으로 다행이었다. 수국이 만개한 시기라 월요일 늦은 오후에도 사람이 굉장히 많았다. 다른 날 좋은 시간 때 갔다면 도저히 프레임 밖으로 사람들을 내보낼 수 없었을 것이다.

물론 가마쿠라에서 머문 사흘 동안 곳곳에서 수국을 만났다. 그러나 메이게쓰인은 조금 특별했다. 경내에 심어져 있는 수국은 대부분 히메 아지사이(공주 수국)라고 하는 종인데, 히메 아지사이는 맑은 청색 빛을 품고 있다. 이름도 어찜 공주라니. 이 투명한 푸른빛을 특별히 '메이게쓰인 블루'라고 부른다고 한다. 돋아난 지 얼마 되지 않은 어린잎들이 메이게쓰인 블루를 더욱 돋보

이게 했다. '한없이 투명한 블루'란 표현이 어울리는 곳.

커다란 카메라를 들고 다니며 접사를 찍는 사람도 많고, "와! 이게 크네"라며 더 크고 풍성한 꽃을 찾아다니는 커플도 있었다. 아장아장 걷는 아이를 수국과 함께 사진에 담고 싶어 부지런히 움직이는 아빠도 보였다. 그러나 아이는 "엄마가 찍어줘"라며 징징대기만 할 뿐이었다. 나는 '아이가 엄마의 실력이 더 좋다고 생각하는 걸까, 아빠와 같이 사진을 찍고 싶다는 걸까?' 괜히 궁금해하며 걸었다.

　　오후 5시 15분까지는 경내에 머물게 해주는데, 그 후에는 칼같이 문을 닫아버린다고 한다. 13, 14분쯤이 되니 수국만 담긴 장면을 찍어 보겠다며 계단 밑에는 카메라를 든 사람들로 북적였다. 계단 위에는 미처 내려오지 못한 사람들이 남의 사진 안에 함부로 뛰어들 수도 없고, 문이 닫힐까 마냥 기다릴 수도 없어 안절부절 못하고 있었다. 문을 닫기 전까지 몇 컷이라도 더 사진을 찍기 위해 나도 끝까지 버티며 계단 밑에 서서 셔터를 눌렀다.

　　사실『바닷마을 다이어리 2』에 담긴 풍경을 보기 위해 찾아간 것은 두 번째 일이었다. 처음 갔을 땐 가마쿠라에서 수국이 아름다운 또 하나의 사찰 조주인이 모델인 줄 알고 있었다. 그땐 5월초이기도 했고 수국이 피어 있지 않아서 표지 풍경을 전혀 느낄 순 없었다. 다만 사찰에서 내려다본 가마쿠라의 바다 풍경이 근사하단 기억을 가지고 돌아왔다. 두 곳을 모두 다녀와보니『바닷마을 다이어리 2』의 표지는 두 곳을 모두 모델로 삼은 것이 아닐까 하는 생각이 들었다. 배경은 메이게쓰인과 닮았지만, 표지에 핀 수국이 메이게쓰인 블루뿐 아니라 다양한 색을 내고 있기 때문이다.

　　물론 표지 장면이 메이게쓰인이 아니더라도 6월의 가마쿠라, 메이게쓰인 블루. 한 번쯤 볼 만한 가치가 있다. 세상에 존재하는 새로운 색깔 하나를 더 알게 되는 일이니.

나는 산책도 할 겸 가마쿠라역에서부터 걸어서 가느라 메이게쓰인까지 30분 정도 걸렸다. 하지만,
기타가마쿠라역에서 걸어가면 10분이면 도착할 수 있다. 단풍이 들 때도 아름답다.

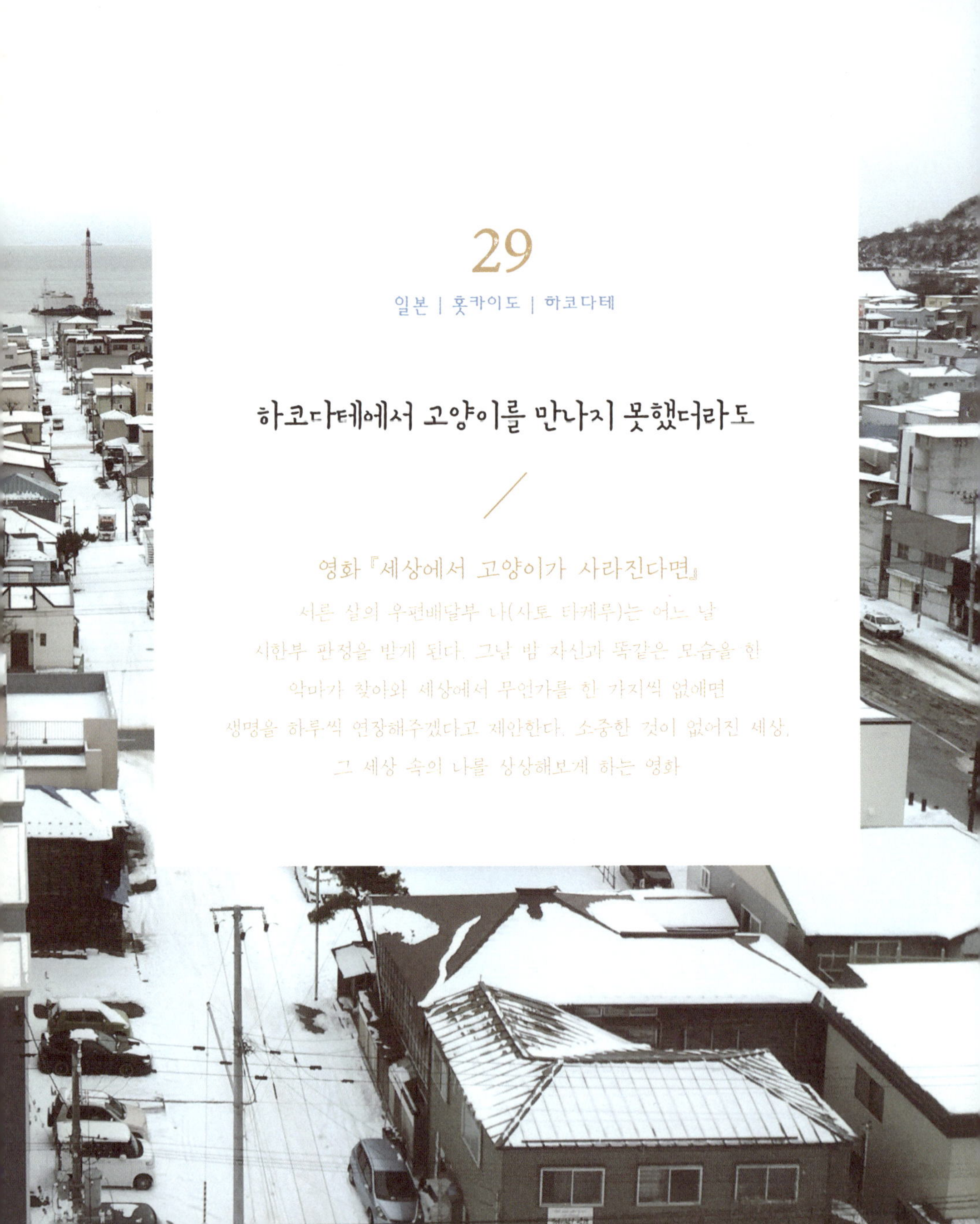

하코다테에서 고양이를 만나지 못했더라도

영화 『세상에서 고양이가 사라진다면』
서른 살의 우편배달부 나(사토 타케루)는 어느 날
시한부 판정을 받게 된다. 그날 밤 자신과 똑같은 모습을 한
악마가 찾아와 세상에서 무언가를 한 가지씩 없애면
생명을 하루씩 연장해주겠다고 제안한다. 소중한 것이 없어진 세상,
그 세상 속의 나를 상상해보게 하는 영화

이 영화를 보고, 이 원작소설을 읽다보면 숱한 가정을 해보게 된다. 내가 사는 세상에서 무언가가 하나씩 사라지는 상상. 그것이 없어졌을 때 달라질 나의 삶에 대한 상상……. 내가 홋카이도에 가서 결혼식을 올린다는 소식을 주변에 알렸더니, 평소 나의 여행 스타일을 잘 알고 있던 직장동료가 솔깃한 정보를 전해주었다.

"하코다테 가실 계획이면 영화『세상에서 고양이가 사라진다면』보고 가세요."

결혼 준비로 정신이 없던 어느 날이었다. 영화를 틀어놓고서도 식장에 이메일 회신을 보내느라 스토리에 도통 집중을 하지 못했다. 그러다 어느 순간부터 메일 쓰는 일을 제쳐두고 영화를 보기 시작했다. 영화는 여러 가지 생각을 하게 만들었다. 영화를 보고 나서 원작소설도 주문해두었다.

주인공 '나(사토 타케루)'는 서른 살의 우편배달부다. 어느 날 갑자기 시한부 선고를 받게 된 그에게 자신과 동일한 모습을 한 악마가 찾아온다. 악마는 세상에서 무언가를 하나씩 없앤다면 생명을 하루씩 연장해주겠다고 제안한다. 결국 '나'는 하루에 한 가지씩을 없애기 시작한다.

첫째 날, 세상에서 전화가 사라진다.

둘째 날, 세상에서 영화가 사라진다.

셋째 날, 세상에서 시계가 사라진다.

그리고 고양이가 세상에서 사라질 차례다.

세상에서 전화가 사라지자 잘못 걸려온 전화 때문에 만나게 되었던 첫사랑 '그녀'와의 추억도 사라져버렸다. 세상에서 영화가 사라지자 영화광인 친구는 더 이상 '나'를 기억하지 못하게 되고 말았다. 세상에서 시계가 사라지자 시계공 아버지와의 기억도, 삼십 년의 시간을 살아왔던 '나' 자신의 시간들도 송두리째 사라져 갔다. 그리고 마지막으로 없어질 위기에 처한 고양이. 엄마가 마지막으로 남기고 떠난 그 고양이마저 세상에서 사라지게 된다면 '나'는 어떻게, 어떤 힘으로 존재할 수 있을까.

영화의 배경이 된 하코다테는 사실 홋카이도를 벗어나 혼슈로 들어가기 위해 잠시 머문 도시였다. 야경이 아름답다고들 했다. 호텔에서도 '야경' 방으로 업그레이드까지 해주었다. 그러나 시간이 늦은 탓인지 잔뜩 피곤함이 몰려온 나는 밤의 불빛이 아름다운 줄도 모르고 잠들어버렸다. 해가 중천에 떠서야 잠이 깬 나는 사진 한 장 남기지 않고 잠들어버린 게 후회되어 허겁지겁 사진을 찍었다.

늦잠을 잔 탓에 배가 매우 고팠다. 서둘러 시장으로 나가 아침식사(이미 아침은 아니지만)를 하기로 했다. 나가사키, 요코하마와 함께 일본 최초 대외무역항으로 개항한 하코다테는 홋카이도에서 가장 번영한 도시였다고 했는데, 이상했다. 도시가 너무나도 한산했다. 드문드문 보이는 사람들은 거의 관광객이고, 그나마 주민처럼 보이는 사람들은 모두 할아버지 혹은 할머니뿐이었다. 면적 약 678제곱킬로미터에 인구 27만 명 정도가 살고 있는 도시. 서울의 면적이 약 605제곱킬로미터라고 하니……. 아, 나는 하코다테보다 조금 작은 도시에서 무려 1천만 명과 살고 있는 것이다!

바람이 불어왔다.
구름이 걷히고, 봄의 기운을 느끼게 해주는 포근한 햇살이 나를 휘감았다.
바람을 맞은 양배추(고양이 이름)가 기분이 좋은 듯이 야옹 하고 울었다.
눈 아래로 펼쳐진 군청색 바다.
만을 사이에 낀 반대편이 아버지가 사는 동네다.
늘 언덕에서 바라보던 그 동네.

다정한 여행의 배경

잔잔한 하코다테 풍경은 『세상에서 고양이가 사라진다면』의 배경으로 적절했다. 우린 아침으로 해산물이 듬뿍 들어간 라멘을 먹고 영화의 촬영지 구 우메쓰상점으로 향했다. 노면전차를 타고 주지가이 정거장에 내렸다. 주인공 사토 타케루도 '전화'가 없어지기 전에 같은 정거장에서 내린다. 이곳에서 타케루는 옛 연인과 재회한다. 타케루는 '느닷없이 무슨 일이냐' 묻는 그녀에게 '만약 세상에서 전화가 없어진다면 마지막으로 누구에게 전화를 걸어야 할까' 생각하다가 너에게 전화를 걸었다고 말한다.

주변은 지금과는 전혀 다른 역사를 갖고 있었다. 구 우메쓰상점은 긴자 거리 위에 솟아 있는데, 이곳은 도쿄의 긴자처럼 화려한 환락가였다고 한다. 인적이 드문 지금은 상상하기도 어려운 과거의 모습이다.

영화를 보면서도, 하코다테를 걸으면서도, 여행에서 돌아와 원작 소설을 읽으면서도 '나의 죽음'을 가정하는 일로부터 벗어나기 힘들었다. 죽기 전에 해보고 싶은 것을 떠올리게 되고, 세상에서 무언가를 없애야 하는데 그 무언가는 내게 소중한 것이어야 한다. 어떤 것을 없애야 할까, 그것이 없어진다면 나의 인생은 어떻게 달라질까? 꼬리에 꼬리를 무는 질문들이 이어졌다.

영화에서 인상 깊었던 고양이 그림도 그려보고, 여행사진도 정리했다. '여행'과 '글'이 없어지지 않으면 좋겠다고 생각하며 여행기를 써 내려갔다. 그러다 문득 나는 믿을 수 없는 사실을 발견했다. 난 『세상에서 고양이가 사라진다면』의 배경을 다녀오지 못했다! 다케루의 그녀는 영화관에서 일한다. 영화에선 구 우메쓰상점을 그녀가 일하는 곳으로 삼았는데, 영화 속에 담긴 영화관 장면과 여행에서 찍어온 사진을 대조해보니 미묘하게 다른 모습이었다. 내가 다녀온 곳은 하코다테 시 지역 교류 마치즈쿠리센터였다. 닮았지만, 또 둘 다 주지가이 정거장에서 1분 거리에 위치해 있지만, 전혀 다른 곳이었다.

현재는 주민들이 문화센터처럼 쓰고 있는 마치즈쿠리센터는 1923년 마루이 이마이 포목점으로 문을 연 곳이라고 한다. 1969년까지는 백화점으로 쓰다, 2002년까지는 시 청사로도 썼다.

나는 노면전차에서 내리자마자 평소처럼 아무 생각 없이 직진을 했고, 비슷한 건물이 보여 들어갔던 것이다. 늘 나의 무모한 직진에 제동을 걸어주는 남편은 '영화를 치사하게 혼자 보고 왔냐'고 섭섭해하며 뒤따라오고 있었다. 남편은 영화를 보지 못했기 때문에 잘못 가고 있다며 말려줄 사람이 없었던 것이다. 그리고 돌아와서도 그곳이 당연히 『세상에서 고양이가 사라진다면』의 배경이라 믿고 오랜 시간을 보냈다. 게다가 나는 마을 구석구석을 누비는 고양이를 매우 좋아해서 일본의 마을을 걸을 때면 늘 고양이를 찾곤 한다. 그러나 생각해보니 정작 하코다테에서는 고양이도 만나지 못했다.

'하코다테까지 가서 무얼 하고 온 거지?'

그래. 비록 하코다테에서 고양이를 만나지 못했더라도 괜찮다. 내가 사랑하는 것들이 다 존재하는 세상. 익숙한 모든 것들이 소중한 추억을 간직한 채, 여전히 존재하는 세상. 그것만으로도 충분하니까.

Info

구 우메쓰상점과 하코다테 시 지역 교류 마치즈쿠리센터는 모두 노면전차 주지가이(십자가) 정거장에서 하차하여 도보로 1분 거리에 있다. 지역교류센터 앞 가로등에서도 영화촬영이 진행되었다고는 하나, 이왕이면 구 우메쓰상점을 찾아가시길!

30

일본 | 후지사와, 도쿄 | 지로라멘, 북극라멘

라멘이 너무 좋아

드라마 『라멘이 너무 좋아, 고이즈미 씨』
동명만화를 원작으로 한다.
미인 여고생 고이즈미가 매일 맛있는 라멘집을 찾아가는 이야기.
친구도 잘 사귀지 않고 차가운 성격을 가진 고이즈미지만,
라멘 한 그릇으로 행복한 미소를 짓는다.
심야에 보면 심히 배고파지기 때문에 위험하다!

일본라멘과 생맥주. 각각 먹어도 맛있고 함께 먹으면 더욱 좋다. 나는 일본에 갈 때면 일정 중 한 번 이상은 라멘집에 간다. 요즘엔 라멘 DB라는 애플리케이션에서 검색해서 부근에 있는 라멘집 중 평점이 가장 높은 곳을 찾아간다. 실패하지 않는다. 라멘 DB에서는 몇 가지 옵션을 선택하여 검색할 수 있는데, 손수 면을 뽑는다는 의미의 자가제면, 무화학조미료라는 선택지까진 이해가 되었다. 그러나 '지로계'라는 선택지가 있었다.

'지로? 라멘의 대가인가?'

그러다 남편의 추천으로 드라마 『라면이 너무 좋아, 고이즈미 씨』를 보고 '지로계'에 대한 궁금증을 풀게 되었다. 드라마에는 매일 맛있는 라멘집을 탐방하는 미모의 여고생 고이즈미가 주인공으로 등장한다. 화면을 보는 내내 군침이 도는 것을 멈출 수 없었다.

인스턴트 라면과 달리 생면의 꼬들함이 살아 있고 돼지뼈를 우린 국물이 구수한 일본의 '라멘'. 중국에서 기원한 요리가 일본으로 흘러들어가 현지화된 음식 중 하나다. 요코하마, 고베, 나가사키 등 중화 거리가 있는 지역에서부터 즐겨 먹기 시작했다고 한다.

라멘의 어원엔 여러 가지 설이 있는데 그중 한 가지는 중국 서북부 란저우의 면 요리 '라멘(납면)'에서 유래하였다는 설이다. 납면이란, 반죽을 당기고 늘려서 면을 뽑는 국수 제조법의 하나. 납면 방식으로 국수를 만들면 점성과 탄력이 좋은 면이 만들어진다. 중국 수타식 짜장면이 대표적인 예다. 그밖에도 면을 이용하여 반죽을 발효시키는 '라오멘'에서 유래하였다는 설, 홋카이도 삿포로 시의 한 중국음식점에서 좋다는 뜻으로 소리치던 '하오러'에서 유래했다는 설 등이 있다. 그러나 개인적으로는 역시 중국의 '라멘'에서 유래한 것이라는 주장이 가장 타당성이 있어 보인다. 물론 라멘은 대부분 제면기로 뽑기 때문에 수타면은 아니지만 다른 면요리보다 면의 '쫄깃함'을 특히 중시하는 것으로 보아 탄성이 살아있는 제조법에서 유래하지 않았을까 혼자 추측해본다.

어쨌든. 『라면이 너무 좋아, 고이즈미 씨』 1화에 '라멘 지로'가 등장한다.

라멘 지로는 도쿄 미타에를 본점으로 하는 라멘 체인점. 돼지고기 국물에 간장을 가미하고, 양배추와 숙주나물을 한껏 올린 것이 특색인 라멘집. 고이즈미를 따라 라멘을 먹으러 가게 된 친구 유우는 메뉴에 라멘만 있고, 교자만두나 세트메뉴가 없다고 투덜댄다.

머물기로 한 숙소 가까이에 라멘 지로가 있어 나는 짐도 풀기 전에 그곳으로 향했다. 일요일 오후 3시 반인데도 기다리는 줄이 꽤 길었다. 식사시간 때를 피한다고 피해서 갔는데 인기가 대단했다. 난 생맥주와 함께 먹는 라멘을 좋아하는데 메뉴에 맥주는 없었다. 손님들은 가게 앞에 서 있는 자판기에서 우롱차나 녹차를 뽑아 들고 차례를 기다리고 있었다.

『라면이 너무 좋아, 고이즈미 씨』에는 '지로리언'이라 불리는 아저씨 몇 명이 조연으로 출연한다. 현실에서도 존재하는 지로리언은 라멘 지로를 좋아하는 사람들을 칭한다. 이들은 매일매일 라멘 지로의 기름이 많아지거나, 맛이 진해지거나 하는 미묘한 차이까지도 감지하고 즐길 줄 아는 마니아다.

줄을 서서 한참을 기다리다 가게 안에 걸린 안내문을 보게 되었다. '여성이나 아이를 데리고 온 손님은 되도록 나란히 앉을 수 있게 해드리나, 남성끼리 온 손님은 양해를 부탁드린다'고 적혀 있었다. 우선 '여성과 함께 온' 게 아니라 '여성을 데리고 왔다'는 문구가 이상했다. 여성이 남성을 데리고 올 수 있지 않나? 또 남성 커플이 있을 수도 있고, 수년 만에 만나 함께 나란히 앉아 라멘을 먹고 싶은 남성 친구들도 있을 수 있다. 이들을 떨어뜨려 두는 것은 너무 가혹한 일이 아닐까. 기다리는 시간이 지루하여 나의 머릿속은 쓸데없는 생각들이 꼬리에 꼬리를 물고 있었다. 어쩌면 일본사회에서 라멘이라는 식문화는 '남성들이 홀로 즐기는 전유물'일지 모르겠다. 원작만화에 그려진 고이즈미도, 또 그녀를 드라마에서 연기한 배우도 굉장한 미인에 육감적인 몸매를 하고 있다. 이 안내문을 보니 '라멘이 주인공인 작품에서 미모의 인물이 등장해야 하는 이유'를 정확히 알 것 같았다.

차례가 가까워져 우선 메뉴 자판기에서 지로 라멘 큰 것과 부추김치를 선택했다. 조그마한 플라스틱 주문서가 튀어 나왔다. 그리고도 한참을 더 기다려 겨우 자리에 앉게 된 나. 그때부터 긴장되기 시작했다. 지로 라멘은 토핑 주문 방식이 독특하기 때문이었다. 잘 해낼 수 있을까. 점원은 면을 다 삶은 후 손님에게 질문을 던진다.

"마늘 넣으시겠습니까?"

드라마에서 주인공 고이미즈는 이때 오로지 마늘에 대한 대답만 하면 안 된다고 했다. 네 가지 토핑에 대한 요구 사항을 같이 전달해야 한다. 마늘 양(닌니쿠), 야채양(야사이), 수프의 농도(가라메), 기름양(아부라)까지……. 많이는 '마시', 아주 많이는 '마시 마시'라고 한다. 나는 마늘만 아주 많이 넣어달라고 하고 싶었으므로 "닌니쿠 마시 마시!"라 외쳤다. 기다림에 허기진 내가 주

문한 대자는 들기조차 어려운 분량이었다!

이 대단한 양의 라멘을 먹을 땐 '천지 전환'이란 기술이 필요하다. 안에 든 면을 야채 위로 올린 후에 먹는 것이다. 산처럼 쌓인 야채부터 먹기 시작하면 밑에 깔린 면에 다다르기도 전에 배가 불러버리고 진한 수프의 맛을 제대로 느낄 수 없다. 이렇게 면을 위쪽으로 대피시켜두면 야채에도 국물이 스며들어 먹기 딱 좋다고 한다. 물론 양이 대단히 많기 때문에 면을 들어 올리는 일도 쉽지 않았다.

아래에 깔려 수프를 빨아들인 면은 색이 진하고 맛도 완전히 달랐다. 국물에선 일본라멘 특유의 돼지 냄새가 강하게 났다. 차슈(고명으로 올린 돼지고기)도 바싹 말라버린 고기가 아니라 살코기가 두툼한 데다 기름도 넉넉해서 부드러웠다. 맛에 있어선 기다림의 가치가 있는 곳이라 생각했다. 배가 볼록 튀어나온 채로 가게를 나왔는데 시간이 지날수록 위가 확장되어 한동안 고생을 했다.

라멘을 한 번만 먹고 돌아가긴 아쉬워 여행의 마지막 날 다른 한 곳을 더 가보기로 했다. 고이즈미가 남자친구에게 차인 친구 미사를 위로해 주고자 찾아간 매운 라멘집. 드라마 속 바로 그 지점인 메구로점을 찾아갔다. 매운 정도가 레벨 0부터 10까지 숫자로 구분되어 있는데, 실연으로 스트레스가 잔뜩 쌓인 미사는 레벨 9의 '북극라멘'에 도전한다. 그러나 내가 메구로점을 방문했을 때 북극라멘은 어쩐 일인지 레벨 8이었다. 레벨 9로 달라고 할 수도 있었지만, 만약 너무 매워서 못 먹는다면 체면을 구기게 될까 봐 그만두었다.

북극라멘은 일단 고춧가루가 듬뿍 들어 있어 외관만으로도 후끈후끈했다. 맛은 보기보다 맵지 않았다. 물론 매운 음식을 좋아하고 잘 먹는 편인 나의 기준. 짬뽕 같이 통통한 면은 쫄깃쫄깃했고, 수프에서는 마파두부의 맛이 났다. 중국요리 마파두부를 라멘에 접목시킨 듯했는데, 역시나 이곳은 중화요리점에서 시작한 체인점이라고 한다. 180엔을 더 주면 사이드로 작은 마파두부와 밥이 나왔다.

　행복하게도 이곳에서는 맥주도 곁들일 수 있다! 진하게 매운 국물이 맥주와 환상적인 궁합을 이루었고, 소금과 참기름을 살짝 둘러 데친 숙주가 입안을 달래주었다. 먹으면 먹을수록 속이 따뜻해지며, 그 따뜻함은 꽤 오랜 시간 뱃속에 머물렀다.

Info

라멘 지로 쇼난후지사와점은 후지사와역에서 도보로 10분 거리에 위치해 있다. 도쿄 근교 여행지 에노시마를 간다면 가볼 만하다. 사이드로 부추김치가 있는데 강력 추천한다. 북극라멘 메구로점은 도쿄 메구로역에서 도보로 2분 거리에 위치한 가게다. 이곳의 사이드 메뉴인 마파두부와 공깃밥도 추천한다. 두 곳 모두 체인점이니 가까운 곳을 찾아가도 좋다.

31

사람의 기억이란 간사해서, 과거는 무턱대고 아름답다

왕안이의 소설 『장한가』

아름다운 외모를 가진 왕치아오는 우연히 영화촬영소에 갔다가
잡지 모델이 된다. 그 후 미스 상하이 대회에 나가 입상하며
화려한 삶을 시작한다. 왕치아오의 인생에는 옛 상하이의
화려했던 시절과 반세기에 걸쳐 격변해 간 도시의 역사가
담겨 있다. 소설을 읽고 나면 옛날 골목을 걷고 싶어진다.
꼭 상하이가 아니더라도.

올드 상하이 노스탤지어. 상하이가 가장 아름다웠던 시기를 그리는 상하이 사람들의 향수를 뜻한다. 1920년대부터 1949년 중화인민공화국이 세워지기 전까지 상하이는 동양에서 가장 화려한 도시였다. 급격하게 서양 문화가 유입되기 시작했고, 상하이를 가로지르는 황푸강변엔 높은 건물들이 줄줄이 세워졌다. 사람들은 영화와 커피를 즐기고 밤에는 댄스 문화를 향유했다. 거리에는 모던보이, 모던걸이라 불리는 젊은이들이 있었다. 1990년대에 들어서면서부터 사람들은 가장 아름다웠던 그 시절 상하이의 모습을 그리워하기 시작했고, 그때를 담은 책과 영화가 나왔다.

내가 읽은 작품 중 올드 상하이가 가장 세밀하게 그려져 있는 작품은 왕안이의 소설 『장한가』다. 소설의 도입부터 상하이 주택과 거리가 자세히 묘사되어 있다. 현재의 상하이를 향해 여행을 떠나면서도 나의 머릿속엔 옛 상하이에 대한 환상만이 가득 차 있었다.

골목들은 마치 강물처럼 흐르다가 틈만 있으면 비집고 들어가기에
들쑥날쑥 어수선해 보이긴 해도 정취가 있다. 드넓고도 빽빽한 것이,
농부들이 파종하고 수확하는 보리밭 같기도 하고,
사람의 손길이 전혀 닿지 않는, 저절로 자라나고 저절로 사라지는
원시림과도 같다. 그것들은 실로 매우 아름다운 풍경이다.
상하이의 골목은 성적 매력이 있다.

소설은 1940년대 상하이를 배경으로 시작한다. 수려한 외모를 가진 왕치야오는 친구와 영화촬영소 구경을 갔다가 잡지 모델로 발탁이 되는데, 그것이 계기가 되어 미스 상하이 3위에 당선이 된다. 화려한 삶에 발을 들이고 여러 남성들과 교제를 시작한다. 급격하게 변화해간 상하이 역사가 그녀의 인생에 고스란히 투영되어 있다. 왕치야오가 내려다본 상하이의 거리는 어떤 모습이었을까. 서구에 문호가 개방된 이후 상하이에서 유행한 건축양식인 스쿠먼과 그 가옥이 이룬 골목길, 농탕을 찾아 나섰다.

스쿠먼은 서양과 중국의 건축양식이 융합된 가옥이다. 석재를 사용한 문틀을 세워 바깥문을 만들었기 때문에 '석고문(스쿠먼)'이라 이름 지어졌다. 문에는 그리스, 로마, 르네상스 시대의 조각 혹은 중국문양을 새겼다고 한다. 동서

양이 뒤섞인 모습이다. 스쿠먼과 농탕은 베이징의 전통 건축양식과 비교되곤 하는데, 길을 향해 문을 낸 집들이 늘어서 있고, 핵가족 단위로 거주했던 점에서 개방적인 것이 특징이라고 한다. 서양을 향해 항구를 열어젖혔고, 서양문화에 녹아들었던 상하이란 도시가 주거생활에도 고스란히 스며들어 있던 것이다.

우린 먼저 신톈디에 들어섰다. 낮에는 커피를 즐기고, 저녁에는 음악과 맥주를 즐기기에 좋은, 바와 카페 거리다. 특히 외국인 관광객들에게 인기가 높다. 거리의 일부가 스쿠먼 양식으로 꾸며 있는데, 광장을 중심으로 한 바퀴 돌아보니 확실히 도심의 건물들과 다른 분위기가 흐르고 있었다. 그러나 이 모습은 아무래도 현대적이다. 옛 상하이의 감흥이 나지 않았다. 상하이의 과거를

그대로 복원해두었다고 하는 상하이영시낙원으로 향했다.

1998년 10월에 준공한 상하이영시낙원은 유원지이자, 드라마와 영화 세트장이다. 상하이 중심가로부터 서남쪽으로 약 40킬로미터 정도 떨어진 차둔에 위치해 있다. 1930년대 상하이가 재현되어 있어, 수백 편의 드라마, 영화, 광고가 이곳에서 촬영되었다. 대표적으로 주성치의 『쿵푸 허슬』, 주윤발과 홍금보가 출연한 『대상해』, 양조위와 탕웨이 주연의 『색, 계』 등이 있다. 이미 현대화된 상하이 시내보다 옛 상하이를 가장 많이 간직하고 있는 곳이라고도 할 수 있다.

소설 『장한가』에서 주인공 왕치야오는 처음부터 등장하지 않는다. '골목', '풍문', '규방', '비둘기'란 부제를 달고 옛 상하이의 공간과 사물을 설명하다가 다섯 번째 장에 이르러서야 '왕치야오'가 등장한다. 왕치야오와 관계없는 이야기가 언뜻 보면 무슨 소리인가 싶지만 앞선 네 장의 이야기는 왕치야오의 인생을 이해하는 데, 또 상하이란 도시를 깊이 느끼는 데 좋은 배경설명이 된다.

소설을 읽고 상하이영시낙원의 농탕을 걸으니 왕치야오의 외모에 샘을 내는 여자들의 수근거림이 들려오는 듯했다. 30여 년간 최고의 번성을 이루었던 도시와 이 거리는 어느 날 갑자기 붉은 물결에 가라앉았다. 또 그만큼의 시간이 지나자 다시 그때를 그리워하기 시작했다. 사람의 기억이란 간사해서, 과거는 무턱대고 아름답다.

Info

상하이영시낙원에는 난징루, 파라마운트 댄스홀 등 여전히 상하이 시내에 남아 있는 명소들의 옛 모습이 복원되어 있다. 현재와 과거를 비교해보는 일도 흥미롭고, 현란한 춤과 노래가 특징인 공연도 열린다. 유명한 영화나 드라마를 촬영하고 있을 수도 있으니 관심 있게 살펴보자!

32

트리하우스를 만나러 이시가키섬으로

오가와 이토의 소설 『트리하우스』
어느 날 갑자기 남편이 집을 나가 홀로 남겨진 미리아는
오키나와의 한 섬을 찾아간다. 그곳에서 임신 사실을 알게 되어
출산을 준비하기로 한다. 섬에는 카메코 선생님이 운영하는
즈루카메 조산원이 있고, 따뜻한 사람들과 맛있는 요리가 있다.
느긋한 시간이 그리워지는 이야기

나는 막 걷기 시작했을 때부터 부모님과 함께 출퇴근을 했다. 갓 사업을 시작한 부모님은 나를 어린이집에 맡기려고 했지만 차마 떨어뜨려둘 수 없는 아이였다고 한다. 할 수 없이 부모님은 사무실에 나를 데리고 다니셨다. 그 때의 기억을 나는 매우 희미하게나마 간직하고 있다. 사무실 한쪽 벽면 중간이 안으로 움푹 파여 있었던 것으로 기억한다. 그 공간이 무슨 용도였는지 모르겠지만 그곳에서 나는 부모님의 일이 끝나기를 기다리며 지냈다. 그 방 안에는 상도 있었고 이불도 있었다. 공간의 구성이나 모양, 규모는 자세히 기억나지 않는다. 굉장히 따뜻하고 아늑했던 기억만은 선명하다.

우리나라에서 『트리하우스』란 이름으로 번역된 오가와 이토의 소설 『츠루카메 조산원』에는 커다란 나무 위에 오두막집을 올려 살고 있는 카메코 선생님이 등장한다. 카메코 선생님의 오두막집을 상상하며, 나는 어린 시절 나의 작은 공간을 떠올렸다.

오키나와 나하에서 이시가키로 들어가는 비행기 안에서 내려다보니 작은 초록섬 주위를 에메랄드빛 바다가 감싸고 있었다. 에메랄드빛의 끝은 짙은 카키색. 마지막엔 흰 선이 둘러싸고 있고, 그 밖은 검은 바다였다. 이시가키에 가까워질수록 이러한 색의 규칙으로 둘러진 섬들이 여러 개 보였다. 나는 어린 시절 따뜻한 기억을 떠올리게 한 소설의 배경을 찾아, 이시가키섬으로 향하고 있었다.

소설 『트리하우스』의 주인공 마리아는 갑자기 남편이 사라진 후 임신 사실을 알게 된다. 마리아는 남편과 결혼 전에 가본 적이 있는 하트 모양의 섬을 찾아가 아이를 맞이할 준비를 한다. 하트 모양의 섬에는 츠루카메 조산원이 있다. 조산원에는 도쿄에서 조산사를 하다가 우연한 계기로 섬에서 조산원을 차리게 된 카메코 선생님과 선생님의 일을 돕는 사미, 에밀리, 파쿠치도 있다. 그리고 그곳을 찾아오는 손님들과 그들 손에 들린 맛있는 향토 요리가 등장한다. 나는 이 작품을 원작소설이 아닌 드라마로 먼저 만났다. 사실 영상으로 보았을 땐 내용이 크게 와 닿지 않았다. 드라마를 보고 나서 원작소설을 읽어보니, 아이를 준비하는 과정에서 마리아가 느끼는 심리 변화, 인물들의 과거가 자세하게 담겨 있었다. 드라마에서 느꼈던 어색한 장면들이 이해되기 시작했다.

66

꽃이며 산록이며 푸른 하늘은 전부 오노데라의 배경이었다.
그래서 섬에 대한 기억도 거의 없고, 섬 이름조차 잊고 있었다.
다만 상공에서 보면 섬이 하트 모양으로 보인다는 사실만
기억하고 있어서 그 정보를 단서로 섬 이름을 알아냈다.
한 달 전, 오노데라는 마치 바람과 함께 사라지듯이 자취를 감추었다.

99

어느 섬을 배경으로 한 것일까 검색해보니, 오키나와 주변 섬이란 언급
만 있을 뿐 구체적인 지명을 찾기 어려웠다. 다만 여러 사람들이 이 섬을 구로
지마가 아닐까 추측하고 있었다. 하지만 실제로 드라마는 이시가키, 다케토미
등 오키나와 본섬에서 멀리 떨어진 여러 섬에서 촬영했다고 한다.

드라마 초반에 마리아는 동생을 낳으러 츠루카메 조산원으로 향한 엄마

를 뒤따라가는 꼬마 아이를 만나게 된다. 이 장면이 촬영된 이시가키의 우간자키 등대를 찾아갔다. 이곳은 카메코와 마리아가 아침 산책을 한 곳이기도 하며, 드라마 후반부에 카메코와 마리아의 남편 오노데라가 절벽 근처에서 서성거리던 마리아를 발견한 장소이기도 하다. 물론 소설에는 이러한 인위적인 설정이 없다.

파도와 바람이 시원하게 내리치는 곳에 이 등대가 세워진 때는 1983년이다. 북적거리는 관광지는 아니어서 오히려 풍경을 온전히 누릴 수 있었다. 등대 앞엔 조난자들을 기리는 비석이 있었는데, 1952년 나하에서 이시가키로 들어오던 배가 계절풍으로 인하여 조난되어 35명의 희생자를 낳은 사건이 있었다고 한다. 그 사람들을 추모하는 비석이 지금은 등대와 함께 바다의 안전을 기도하고 있다. 남색의 바닷물이 흰 파도를 만나 더욱 아름다운 비취색을 만들어내는 바다가 눈앞에서 일렁거렸다.

그리 크지 않은 섬인 이시가키는 즐길거리에 비하여 볼거리가 많진 않다. 우간자키를 다녀오고 나니 달리 갈 곳이 없어 또 다른 등대 히라쿠보자키에 가보기로 했다. 오키나와 여행을 준비하면서 챙겨 본 오키나와 타임스 뉴스에 '사랑을 이루게 해주는 등대'로 선정되었다는 기사를 보아서 내심 기대를 하고 갔다.

일본 로맨티시스트협회(무엇을 하는, 무슨 목적의 협회인지 아직도 굉장히 궁금한!)가 전국 3천여 개의 등대 중에서 21개 등대를 '사랑의 등대'로 선정했다고 한다. 그중 하나가 히라쿠보자키 등대. 등대 앞엔 급하게 마련한 듯 보이는 두 개의 하트 모양 판자가 걸려 있었다. 이시가키섬은 하트 모양이 아니지만『트리하우스』의 마리아가 찾던 하트를 섬 안에서 두 개나 만난 것이다! 하지만 갑자기 몰려든 먹구름으로 인하여 과연 '이곳에서 사랑의 기운을 느낄 수

있는가'에 대해선 조금 회의적이 되어버렸다. 이시가키를 떠나기 직전 트리하우스와 꼭 닮은 레스토랑에 들렀다. 이 레스토랑 '그린'에서 뜻하지 않게 소설 속에서 맛있게 묘사된 요리에 견줄 만한 카레를 만났다. 갑자기 몰려든 먹구름이 카레향으로 서서히 걷히기 시작했다.

Info

이시가키섬까지는 나하에서 국내선 비행기 JTA, ANA를 타고 한 시간 소요된다. 우간자키 등대는 절벽 위에 위치해 있어 아찔한 풍광이 펼쳐져 있다. 봄에 가면 백합이 예쁘게 피어 있다고 한다. 히라쿠보자키 등대는 아름다운 바다색을 볼 수 있는 등대로 유명하지만 날씨가 좋은 날 가보시길! 구운 카레가 유명한 레스토랑 '그린'도 추천한다. 카레피자도 맛볼 수 있다.

33

생폴 드 방스는 '시적'인 도시였다

인고 발터, 라이너 메츠거의 『마르크 샤갈』
샤갈의 인생과 작품을 이해하는 데
좋은 지침서가 된다

나에게 샤갈은 그렇게 친근한 화가는 아니었다. 내가 알고 있는 사갈의 작품이라곤 『나와 마을』 정도. 그것도 가끔 티셔츠나 가방에 프린트된 모습을 몇 번 보았을 뿐이다. 그래서 샤갈과 연이 깊은 생폴 드 방스는 이번 남프랑스 여행에서 '시간이 나면 한 번 가보지' 정도의 도시였다. 얼마나 오만한 생각이 었는지 생폴 드 방스로 향하는 버스 안에서 창밖에 펼쳐진 모습을 두 눈으로 확인한 순간, 깨달았다.

니스에서 약 20킬로미터 정도 떨어진 생폴 드 방스는 아직까지 16세기 의 건축물들이 남아 있는 소박하고 아름다운 중세도시다. 특별히 유명한 관광 지가 있는 것도 아닌데, 마을 풍경만으로 여느 도시보다 볼거리가 풍부하여 연 중 관광객이 끊이질 않는다고 한다.

니스에서 생폴 드 방스로 향하는 길은 겨울임에도 따뜻한 햇살이 내려 앉아 포근한 색감을 내고 있었다. 동글동글 열매 맺은 사이프러스 나무들을 구경하며, 꼬불꼬불 산길을 따라 올라가다보니 어느 순간 저 멀리 있던 마을이 가까워졌다.

마을 도입부에는 내가 살고 있는 동네와 비슷한 풍경이 펼쳐져 있었기에 괜스레 기분이 좋아졌다. 남프랑스의 전통놀이 페탕크를 즐기고 있는 할아버지들이 보였다. 야구공만 한 쇠공을 던져서 먼저 던져둔 나무공에 가까이 굴리는 놀이. 여유가 한껏 느껴지는 풍경이었다. 내가 살고 있는 동네엔 커다란 공원이 하나 있는데, 그 한편에서 할머니들이 게이트볼을 즐기신다. 게임에 열중하고 있는 할머니들을 볼 때면 기분이 좋아지곤 한다. 우리 동네 공원에서처럼 놀이에 푹 빠지신 할아버지들의 모습을 보니 반가웠다. 나는 '프로방스의 페탕크 할아버지들에게 우리 동네 게이트볼 할머니들을 소개해주고 싶네!'라는 매우 엉뚱한 생각을 하며 마을에 들어섰다.

미로 같은 마을길 양 옆에는 갤러리, 공방, 상점들이 줄지어 있었고, 곳곳에 아기자기한 크리스마스 장식과 센스 있는 꽃장식이 눈길을 끌었다. 가게 안이 궁금하면 살짝 들어가 구경을 하기도 했다. 각 갤러리마다 개성이 뚜렷했다. 길을 거니는 고양이들마저도 예술가의 풍모를 뿜어내는 듯한 마을이었다.

생폴 드 방스는 샤갈이 사랑한 마을로 유명하다. 그는 인생의 말년을 이곳에서 지냈고, 이곳 공동묘지에 잠들었다. 샤갈은 1887년 러시아의 한 유대인 거주 지역에서 태어났다. 97세로 생을 마감하기까지, 일평생 세계 곳곳을 여행하는 (때론 할 수밖에 없었던) 삶을 살았다. 1910년 파리로 가서 미술활동을 하다가 1914년 고향으로 돌아가 순수미술 인민위원에 임명되어

요직에서 활동하기도 했다. 그러나 그의 예술을 정치적으로 이용하려는 움직임에 회의를 느끼고 모스크바, 베를린을 거쳐 다시 파리로 돌아갔다. 네덜란드, 스페인, 프랑스 등 유럽 곳곳을 여행하고, 팔레스타인을 여행하기도 했다. 제2차 세계대전 발발 후에는 유대인이었기에 미국으로 망명 생활을 해야 했다. 때문에 굉장히 국제적이고 다문화적인 인물이었으리라 짐작해 볼

수 있다. 수많은 도시를 거쳐 온 그에게 생폴 드 방스는 마지막 종착점이 되었다. 샤갈은 인생의 마지막 20년을 생폴 드 방스에서 보내며 이곳을 '제2의 고향'으로 여겼다고 한다.

남프랑스의 몇몇 도시를 돌아다니다 보니 각 도시와 예술가들의 연관성을 살피게 된다. 나의 머릿속에서 나름의 연상 작용이 일어난다. 고흐의 도시 아를은 론강 위에 별을 박은 작품『별이 빛나는 밤』때문인지 한편의 로맨스 소설과 같았고, 니체의 도시 에즈는 한 편의 철학서와 같았고, 세잔의 엑상프로방스는 그의 삶의 흔적을 엿볼 수 있었던 탓에 수필 같았다. 샤갈의 작품은 다른 화가들과 달리 함축적이고 은유적이라 그가 사랑한 생폴 드 방스조차 내게 '시적'인 도시로 다가왔다. 한 편의 시처럼 다가오는 그의 작품과 생폴 드 방스는 닮은 면이 많다. 미로처럼 이어진 마을 구석구석에 메타포가 감춰져 있는 것처럼 보였다.

한참 길을 걷고 있는데 한 노부부가 서로의 어깨에 머리를 기대고 앉아 황혼빛 아래서 꾸벅꾸벅 졸고 있었다. 도시가 더더욱 한 편의 시처럼 다가온다.

마을을 떠나기 전, 노을이 서서히 내려앉고 있는 공동묘지를 바라보았다. 샤갈도 이곳에 묻혀 있지만, 대단한 표식은 없다. 마을 풍경 안에 담긴 다양한 의미를 조용히 품고 있는 듯했다. 샤갈은 생폴 드 방스에 영원히 머물고 있다.

Info

니스에서 생폴 드 방스까지는 400번 버스를 타고 갈 수 있다. 니스 해변 건너편에 있는 콩그레 정류장에서 방스행 버스를 타고 약 한 시간 정도 소요된다. 하차하는 정류장은 생폴 빌리지.

34

그 끝에 신기루 같은 도시가 솟아 있었다

무라카미 하루키의 『시드니!』

시드니에서 열린 올림픽에 특별취재원 자격으로 참가한
무라카미 하루키의 에세이집. 올림픽 관전기뿐 아니라
호주 여행기도 담겨 있다.
재치 있는 하루키의 문장을 충분히 즐길 수 있다!

"와! 이런 그림이 호주구나."

지구상에 이토록 기묘한 땅이 존재한다는 사실을 처음 마주했을 때 난 잠에서 덜 깬 상태였다. 더운 여름을 피해 겨울이 다가오고 있던 남반구로 향하는 비행기 안이었다. 늦은 밤 인천에서 떠오른 비행기는 적도 부근에서 한차례 쿵하고 내려앉았지만, 무사히 호주의 새벽에 다가가 있었다. 뒤에 앉아 있던 아빠가 내 어깨를 콕콕 찔렀다. 빨리 창문을 열어보라는 것이었다.

둥근 비행기 유리창 안에서 흘러가던 풍경. 붉게 물든 대지가 펼쳐져 있었다. 그다음엔 꿀렁꿀렁 솟은 산맥이 보였고, 골짜기 사이사이로 하얀 구름이 지나갔다. 저 멀리 노란빛을 가득 품은 지평선이 보였다. 비행기가 하강을 시작하자 자잘하게 꽂혀 있는 나무들 틈새로 날카롭게 관통하는 태양빛에 눈이 부셨다. 끝이 없을 것 같은 자연의 풍경이 이어지다가 그 끝에 신기루 같이 도시가 솟아 있었다. 이 충격인 모습을 꼭 담아가고 싶어 셔터를 열심히도 눌렀지만, 사진엔 당시의 감동이 충분히 담기지 않았다. 호주의 첫인상은 평생 잊지 못할 것이다.

올림픽 일정이 시작되면 취재로 바빠질 테니 미리 가보고 싶은 곳을 가두기로 한 하루키. 우리 가족의 첫 일정도 시드니 아쿠아리움이었다. 나는 시드니의 대표명소 오페라하우스, 하버브리지 만큼이나 이곳을 기대하고 있었다.

대학을 졸업하고 내가 처음으로 들어간 회사는 백과사전을 만드는 곳이었다. 나는 주로 아직 사전에 수록되어 있지 않은 소재를 발굴하여 사전을 구축하는 일을 했다. 다양한 분야의 프로젝트를 진행하였는데 그중 가장 신났던 일 중 하나가 '호주 서식 동물' 프로젝트였다. 남극대륙, 인도대륙, 뉴질랜드와 이어져 있다가 분리된 호주 땅은 수천만 년 동안이나 다른 곳과 교류가 없었다고 한다. 그래서 여느 땅보다 원시의 모습을 더 많이 간직하고 있다. 다른 대륙에서는 사라져버린 동물들이 여전히 살고 있다. 평소에 흔히 접할 수 없는 희귀한 동물들을 많이 알게 되었는데 대표적인 예로 알을 낳는 포유류가 있다.

불완전한 상태의 새끼를 낳아 한동안 육아낭이라는 곳에 넣어 키우는 캥거루, 코알라와 같은 유대류도 살고 있다. 너구리를 닮았지만 부리가 있는 오리너구리도 특이하다. 호주 여행은 글로 접한 동물을 실제로 보러 간다는 데 기대가 컸다. 게다가 시드니 아쿠아리움에는 종종 인어로 오인을 받곤 하는 듀공(고래를 닮은 해양 포유류)도 살고 있다!

그러나 나는 국내수족관에서도 쉽게 볼 수 있는 상어, 해마, 펭귄을 보았다. '오리너구리의 사진을 꼭 찍어가서 백과사전에 수록해야지!' 했는데, 보지 못했다. 듀공도 애타게 찾아다녔는데, 없었다. 듀공이야말로 하루키의 표현대로 '졸린데 마지못해 깬 사람' 같은 표정을 짓고 있는 동물이다. 그 표정을 실제로 보고 싶었다. 난 그날 듀공이 다른 데 갇혀 있는 줄 알았다. 그러나 수족관에서 나와 달링 하버에 서 있는데, 아쿠아리움에서 나온 사람들이 한결같이 '듀공이 환상적이었다'는 대화를 주고받고 있었다. 내내 나를 피해 다닌 듀공. 나에게 듀공은 정말 전설 속 인어가 되어버렸다.

그나마 시드니 아쿠아리움에서 건진 수확은 꼬마펭귄이다. 한국에서도 펭귄은 쉽게 만날 수 있지만 꼬마펭귄은 호주와 뉴질랜드에만 사는 종이다. 현생 종 중 가장 작은 펭귄. 꼬마펭귄을 바라보고 있는 꼬마아이의 표정이 귀여워서 한참을 바라보았다. 펭귄은 아이를 향해 계속 꼬리를 치고 있었다. 펭귄도 꼬마에게 관심이 있다는 표현인가? 알고 보니 관심의 표현은 아니고, 꼬리 위쪽에 있는 분비선에서 기름이 나오기 때문이란다. 부리를 이용해 그 기름을 몸에 발라서 깃털에 물이 닿지 않게 하는 것이다. 인체는 아니 팽체(?)는 신비하다.

Info

시드니 달링 하버에 위치한 수족관. 정식 명칭은 '시 라이프 시드니 아쿠아리움'이다. 달링 하버를 산책하다가 잠시 들러보아도 좋다. 듀공을 만나면 더 좋고.

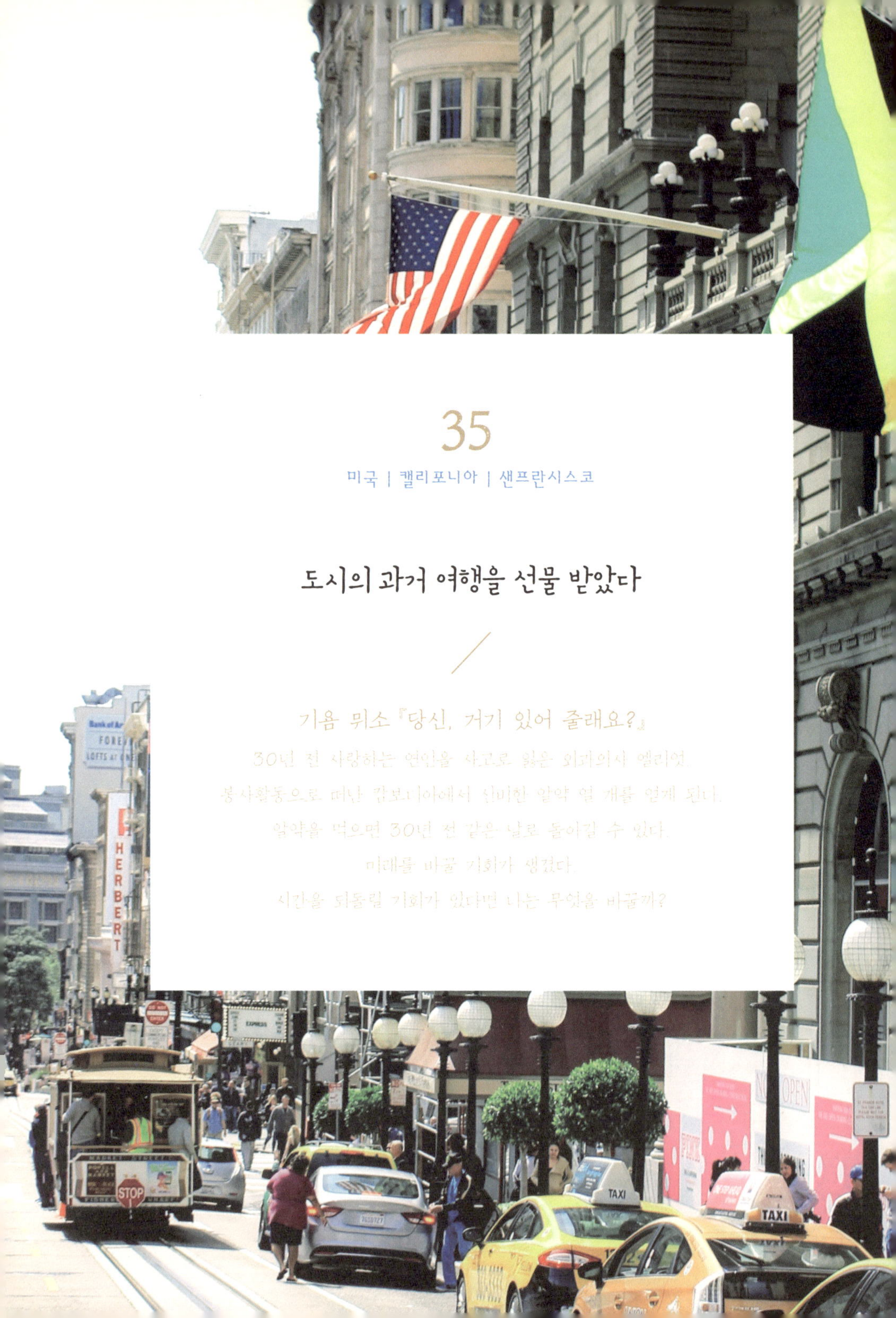

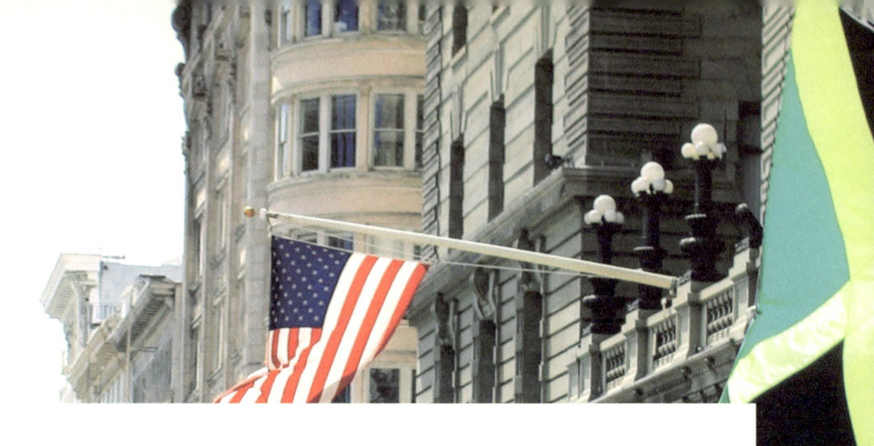

35

미국 | 캘리포니아 | 샌프란시스코

도시의 과거 여행을 선물 받았다

기욤 뮈소 『당신, 거기 있어 줄래요?』

30년 전 사랑하는 연인을 사고로 잃은 외과의사 엘리엇.

봉사활동으로 떠난 캄보디아에서 신비한 알약 열 개를 얻게 된다.

알약을 먹으면 30년 전 같은 날로 돌아갈 수 있다.

미래를 바꿀 기회가 생겼다.

시간을 되돌릴 기회가 있다면 나는 무엇을 바꿀까?

엘리엇이 만난 관광객 무리 속엔 아마 우리 가족도 있었을 것이다. 4월의 어느 맑은 아침, 우리는 샌프란시스코 시내에 들어섰다. 그러나 한 시간 동안 움직인 거리는 고작 100미터 안팎이었다. 케이블카의 줄이 너무 길어 한 시간 이상을 기다린 것이다.

샌프란시스코의 명물 중 하나인 케이블카는 요즘에도 종점에서 사람이 수동으로 방향을 돌린다. 꽤나 고된 일을 하고 있는 그들은 길게 줄을 서 있는 사람들에게 힘을 달라며 하이파이브를 요구했다(이 하이파이브 자체가 샌프란시스코의 명물이다). 관광객인 듯한 젊은 여성이 힘차게 하이파이브를 받아

처줬다. 찌푸리려고 들면 한없이 찌푸리며 할 수도 있는 일인데, 일을 대하는 태도와 재치에 보는 사람들조차 덩달아 기분이 유쾌해졌다. 비록 오래 줄을 서 있어야 했지만 기다림이 헛되진 않았다.

사실 샌프란시스코에 처음 간 사람들이나 종점에서 줄을 서서 이 케이블카를 탄다고 한다. 한 정거장만 걸어가서 타면 비교적 수월하게 탈 수 있다. 주인공 엘리엇도 유니온 스퀘어 방향으로 걸어 올라가서 두 대의 케이블카를 보낸 후 올라탔다.

기욤 뮈소의 작품 『당신, 거기 있어 줄래요?』는 샌프란시스코와 플로리다를 배경으로 한다. 우리나라에서 영화로 제작되기도 하였는데 배경은 서울과 부산이었다고 한다. 나와 동생은 취향이 극과 극인데, 기욤 뮈소는 내 취향이 아니었다. 집에는 동생이 사들인 기욤 뮈소의 책이 잔뜩 꽂혀 있었지만 나는 한 편도 읽지 않았다. 그러다 샌프란시스코 여행을 함께 가게 된 동생이 '꼭 읽어보라' 강력히 권하는 바람에 나는 마지못해 꺼내들었다. 첫 장을 넘기기가 어려웠을 뿐, 기욤 뮈소의 문장에는 굉장한 속도감이 있어 술술 읽혔다. 게다가 영상미까지 넘치는 작품이라 샌프란시스코 구석구석이 눈앞에 생생히 떠올랐다.

주인공 엘리엇은 예순 살의 의사다. 폐암에 걸려 죽음을 앞두고 있다. 그의 곁에는 매트라는 가까운 친구와 소중한 딸 앤지가 있다. 풍족하고 행복한 삶처럼 보이지만, 어딘가 쓸쓸하다. 30년 전 하늘나라로 떠나보낸 연인 일리나를 여전히 잊지 못하고 있기 때문이다. 그러던 어느 날 의료봉사활동을 하러 간 캄보디아에서 시간을 거슬러 올라갈 수 있는 알약 열 개를 손에 넣게 된다. 서른 살의 자신을 만나 운명을 바꿀 기회를 얻게 된 것이다.

어렵게 탄 케이블카가 북적거리는 시내를 빠져나간 뒤부터 나는 케이블카 가장 끝에 서서 주택가 골목 풍경을 눈에 담았다. 세련된 옷차림을 한 젊은 부부가 문을 열고 나오기도 했고, 커다란 개를 산책시키는 가족들도 보였다. 거동이 불편한 할머니를 차에 편히 태워드리고자 좁은 언덕길 위에 차를 간신히 주차하는 사람도 자세히 보았다. 어딘가 모르게 여유가 느껴지는 일요일 풍경이었다. 어렵게 케이블카를 잡아탄 엘리엇은 피셔맨스 워프에서 내렸다. 우리도 같은 곳에 내렸다. 샌프란시스코 여행객이라면 한 번쯤 먹게 되는 클램차우더(조개, 베이컨, 야채를 넣고 끓인 수프 요리)를 먹기 위해서였다. 관광객을 상대로 하는 음식점인 만큼 '다시 방문할 필요는 못 느끼나, 클레임 걸 거리는 없는' 정도의 서비스와 맛을 제공받았다.

오후 시간은 소살리토에서 보내고 배를 타고 돌아와 페리 빌딩에 내렸다. 빌딩 앞에 놓인 지역은 엘리엇의 병원이 있는 금융가. 우린 그곳에서 페인티드 레이디스로 향하는 버스를 기다렸다. '화장한 부인들'이라는 뜻을 가진 이 명소는 빅토리아 풍의 건물들을 지칭한다. '고딕 양식으로의 회귀'가 특징인 건물들.

그는 한물간 지 오래된 히피 시대의 마지막 유물인
오렌지색 구형 비틀 안으로 몸을 굽혀 들어갔다.
덮개를 내리고 조심스럽게 대로로 나선 그는
필모어 스트리트를 따라 올라가 빅토리아시대 풍의
주택가들이 밀집한 퍼시픽 하이츠를 향해 차를 몰았다.

2.5층 규모의 집에 발코니를 가진 이 집들은 파스텔톤의 아름다운 색을 지녔다. 뒤로는 샌프란시스코 시내가 현대미를 한껏 내뿜고 있어 이 둘의 이질 감이 인상적이었다. 주택들을 한눈에 담을 수 있는 언덕에 올라섰다. 4월의 봄날에도 세찬 바람이 불고 있었고, 석양이 내려 건물들을 검은 그림자로 채우기 시작했다. 연인인 듯한 두 남녀가 세찬 바람에 꼭 껴안고 앉아 있었다. 서른 살의 엘리엇과 일리나를 닮은 듯한 연인들.

우리는 삼십 년 전의 엘리엇이 지나간 아주 오래된 길도 들렀다. 머리가 희끗한 환갑 나이의 자신을 만나는 기묘한 경험을 한 엘리엇은 서둘러 친구 매트를 찾아간다. 친구를 빨리 만나러 가야 하는데 롬바르드 스트리트를 지나야 하다니……. 길은 명성대로 굉장히 구불구불했다. 서른 살의 엘리엇

이 살았던 1976년으로 시간을 거슬러 올라가도 같은 길이다. 이렇게 불편해 보이는데 40년이 넘도록 여전히 차도로 유지되고 있다는 사실이 신기해 검색해보니, 무려 1922년에 개통한 길이란다. 관광객으로 북적대고, 주차도 불편한 이 길 양옆은 주택이었고, 실제로 간간히 문밖으로 나오는 주민들을 마주쳤다.

소설에 그려진 샌프란시스코의 1970년대는 굉장히 매력적이다. 애플컴퓨터가 세상에 나왔고, 스티븐 킹의 소설이 발간되었고, 비틀즈가 해체한 시기다. 그 시대를 사는, 히피라 불린 젊은이들은 평화를 외치며 샌프란시스코에 모여들어 마약에 취하고 사랑을 나눴다.

책을 통해 샌프란시스코의 과거까지 만나고 온 듯 여행에 깊이감이 생

다정한 여행의 배경

겨났다. 여유와 관광객으로 뒤덮여 있는 샌프란시스코의 현재는 어쩌면 겉포
장뿐일지 모르겠다. 포장 안에는 굉장히 다양한 색이 칠해진 지층이 켜켜이 쌓
여 있었다. 소설은 나에게 도시의 과거 여행을 선물해주었다.

Info

페인티드 레이디스는 뮤니 21번 버스를 타고 헤이스와 스테이너 스트리트에서 내려서 갈 수 있다.
롬바르트 스트리트에 가기 위해서는 케이블카를 타고 하이드 & 롬바르트 스트리트 정거장에서 내
린다. 수국이 만개하는 6~7월에 찾아가면 더욱 아름다울 것 같다.

36

델마와 루이스는 이 길을 달려갔을까

영화 『델마와 루이스』

답답한 일상에서 벗어나 함께 휴가를 떠난 델마와 루이스.
잠시 들른 휴게소에서 델마는 강간을 당할 위기에 처하고,
루이스는 델마를 구하기 위해 괴한에게 총을 겨눈다.
결국 델마와 루이스의 휴가는 도주로 변모하지만
그들은 지금까지와는 전혀 다른 방식으로 바깥세상에 맞선다.
나에게도 함께 달려주고 함께 맞서줄 수 있는 친구가 있다면!

　　미국 여행에서 가장 가보고 싶었던 곳은 영화 『포레스트 검프』 촬영지였다. 우리는 로스앤젤레스에서 출발했기 때문에 그 먼 곳까지 다녀오려면 하루는 포레스트 검프 촬영지 근처에서 묵어야 했다. 촬영지는 모뉴먼트 밸리라는 곳에 있는데 미국 유타주와 애리조나주 경계에 위치한 자연명소이자, 나바호 인디언의 거주 구역이기도 하다. 게다가 이곳은 영화 『델마와 루이스』의 배경이기도 했다. 붉은 사암으로 된 산과 대지가 끝없이 펼쳐진 곳. 이곳에서 밤을 보내기 위해서는 캠핑과 같은 방법도 있었지만, 회사 동기로부터 '더 뷰 호텔'이란 곳을 추천받았다. 이 호텔의 창밖으로 지금까지 내가 살면서 단 한 번도 본 적 없는 지구의 다른 얼굴. 어쩌면 지구를 떠나 다른 행성에 와 있는 것만 같은 풍경이 펼쳐져 있다. 여행에서 돌아와 우연히 『델마와 루이스』란 영화를 보게 되었을 때, 나는 내가 보았던 가장 낯선 환희의 풍경을 떠올렸다. 더 뷰 호텔에서 올려다본 별 풍경이었다. 지구를 떠나 별에 가까이 다가간 것 같던 순간. 눈앞에서 눈부시게 반짝이던 그 별빛이 영화 안에서도 반짝이고 있었다. 굉장히 반가웠다.

친구 사이인 델마와 루이스가 지루하고 답답한 일상에서 벗어나 여행을 떠나면서 영화는 시작된다. 델마는 보수적이고 권위적인 남편에게 이틀 동안 여행을 다녀오겠다는 이야기를 쉽사리 꺼내지 못한 채 출발한다. 지인의 별장으로 향하던 둘은 잠시 휴게소에 들어가 술을 마시고, 그곳에서 델마는 한 남성(헬렌)과 춤을 춘다. 헬렌은 어지럽다는 델마를 주차장으로 데리고 나와 강간을 시도하고, 루이스는 모욕적인 말을 내뱉은 그에게 총을 겨눈다. 우발적으로 벌어진 일이었다. 이 사건을 시작으로 델마와 루이스의 여행은 점점 길어진다.

오랜 기간 도주하며 제대로 씻지도 못하고 한껏 와일드해진 델마와 루이스. 두 명의 여성이 뚜껑 없는 하늘색 자동차를 타고 붉은 모래를 휘날리며 경찰을 따돌리는 장면은 보는 사람의 가슴을 후련하게 한다. 게다가 영화의 후반부로 갈수록 장면마다 듬뿍 담긴 모뉴먼트 밸리 풍경은 나를 미서부를 달리던 시간으로 데려다주었다. 멀리, 또 곧게 뻗은 도로는 끝이 보이지 않았다. 그 끝없는 도로 위를 외로이 달리던 우리의 자동차는 가끔씩 거대한 화물차를 마주치곤 했다. 그리고 가끔씩 사막 위에 드문드문 놓인 농장들을 보며 '저곳에 사는 사람들은 생필품을 어떻게 조달할까?' 궁금해했다.

모뉴먼트 밸리에서 우리 가족이 머물렀던 '더 뷰 호텔'은 나바호 인디언들이 세운 호텔로 2008년에 문을 열었다. 나바호의 전통문화를 녹인 인테리어가 특징이고, 주변 자연경관을 해치지 않도록 외관에도 많은 신경을 썼다고 한다. 저녁 무렵 호텔에 도착하니 붉은 대지의 색과 조화를 이루는 핑크빛 건물이 눈에 들어왔다. 일출과 일몰 때 호텔 앞 풍경이 아름답다는 이야기를 듣고 서둘러 갔지만, 세 개의 뷰트를 물들인 석양의 주황빛은 이미 소멸하기 시작했다.

모뉴먼트 밸리 지역의 바위산들은 크게 두 종류로 분류된다. 테이블처럼 위가 판판한 지형을 메사, 뾰족하게 치솟은 것은 뷰트라고 한다. 더 뷰 호텔 앞에는 세 개의 뷰트가 서 있는데, 두 짝의 벙어리장갑 모양을 하고 있는 웨스트 미튼 뷰트, 이스트 미튼 뷰트와 그 옆에 메릭 뷰트가 있다. 왼손과 오른손 장갑의 사이즈가 다른가도 싶지만, 오른쪽 벙어리장갑이 뒤에 있어서 더 작아 보였다(실제로 작을 수도 있고). 메릭 뷰트만 외톨이같이 사람 이름이 붙어 있어 유래를 찾아보니, 이 일대에서 은광을 발견한 사람의 이름을 붙였다고 한다. 나는 '모자 뷰트나 목도리 뷰트 정도의 이름이 딱인데……'라며 아쉬워했다.

우린 테라스에 서서 뷰트의 밑동부터 꺼지기 시작한 주황색 등 같은 노을빛을 한참동안 바라보았다. 세 개의 뷰트에 주황빛이 모두 없어지고 어둠이 내려앉자 모두들 저녁을 먹으러 식당으로 갔다. 식당이 매우 붐벼서 30~40분 정도를 기다려야 했다. 호기심이 많아서 틈만 나면 어디론가 사라지는 아빠를 빼고 우린 호텔 기념품숍에서 시간을 때웠다. 오랜 기다림 끝에 겨우 자리를 잡고 앉자, 한 여자 종업원이 주문을 받으러 왔다. 나는 나바호 전통음식을 포함하여 몇 가지 요리를 주문했다. 주문내역을 한 차례 읊은 그녀에게 아빠가 웃으며 "해피 버스 데이"라고 말했다. 그녀는 얼굴에 행복한 미소를 한가득 띠우며 "땡큐"라고 화답했다. "아빠, 아는 사람이에요?" 의아한 표정을 짓던 우리에게 아빠가 설명을 시작했다.

로비를 어슬렁거리고 있던 아빠 곁으로 장대한 기골의 사람들이 우르르 지나갔다고 한다. 궁금해진 아빠는 그 무리를 따라갔고, 그들은 복도 끝자락에 나란히 섰다. 여행객 차림은 아니고 할아버지부터 손자까지 3대가 모인 인디언 가족 같았다. 그들을 향해 우리 테이블의 주문을 받은 여종업원이 다가갔다. 무리 중 아버지인 듯한 사람이 야생화를 꽂은 유리병과 작은 케이크를 그녀에게 건넨 후 투박하게 안아주더라는 것이다. 그리고 모두가 생일축하곡을 합창하더란다. 생일을 맞은 딸을 축하해주기 위해 온가족이 그녀가 일하는 호텔로 찾아와 축하를 해주는 것임을 눈치챌 수 있다. 나와 동생은 조금만 눈을 떼면 없어지는 아빠에게 늘 핀잔을 주곤 했다. 그런데 우리 아빠, 아름다운 장면을 보고 아름답다 여기며 시간을 보내고 계셨구나……. 그런 게 여행인 거지. 아빠는 누구보다도 여행을 충분히 즐기고 계셨다. 저녁을 먹고 돌아오니 하늘엔 별이 총총 박혀 있었다. 모뉴먼트 밸리의 그 찬란한 별무리들.

아직 창밖은 어둑한 새벽인데 전화벨이 여러 차례 울렸다. 아래층에서

주무시던 아빠가 호텔 내선전화로 전화를 걸어오신 거다. 뷰트에 불이 다시 켜지고 있으니 빨리 일어나 보라는 것이었다. 요란을 떨며 테라스에 카메라를 설치하자 잠에 취한 동생이 암막커튼을 좀 쳐달라고 아우성이었다. 얇은 잠옷 바람으로 오들오들 떨며 강렬하게 들어서는 아침 해를 홀로 바라보았다.

'아침 해를 본 것이 얼마만이더라……'

모뉴먼트 밸리를 달리며 델마는 루이스에게 말했다. "한 번도 이렇게 깨어 있어 본 적이 없는 것 같아. 모든 게 달라 보여"라고. 그리곤 둘은 앞으로 어떻게 살아갈지 이야기를 나눴다. 영화 속 이 장면이 더 뷰 호텔에서 맞은 일출

풍경과 겹쳐졌다. 『델마와 루이스』 영화 포스터의 배경은 분명 모뉴먼트 밸리 풍경이기 때문에, 나는 영화가 끝나갈 때까지 내가 봤던 호텔 밖의 풍경이 언제 등장할까 목을 빼고 기다렸다. 영화의 설정 상 델마와 루이스는 아칸소주에서 그랜드 캐니언을 향해 달려가기 때문에 모뉴먼트 밸리를 지나야 한다. 또 여러 장면이 모뉴먼트 밸리에서 실제로 내가 만난 풍경과 흡사했다. 그러나 모뉴먼트 밸리의 특정 장소를 영화 속에서 정확히 짚어내기란 여간 어려운 일이 아니었다.

델마와 루이스는 황홀하게 말하지만, 사실 영화의 마지막 장면은 그랜드 캐니언이 아니라 유타주 남쪽에 있는 데스 호스 포인트 주립공원이라고 한다. 나는 데스 호스 포인트 주립공원까진 가보지 못했기에 기운이 빠져버렸다. 그러나 그녀들이 지난 길이 분명 우리가 달린 길이었다는 것만으로 아쉬움을 달래기로 했다. 또 포스터 속 배경은 질릴 만큼 구경했으니.

Info

더 뷰 호텔은 나바호 부족 공원 방문객센터와 나란히 있다. 홈페이지를 통해 예약할 수 있으며, 모든 객실에서 세 개 뷰트가 보인다. 1층, 2층, 3층의 숙박료가 달라 전망이 많이 차이 날까 고민하였는데, 1층과 2층 두 개 방을 예약해보니 큰 차이는 없었다.

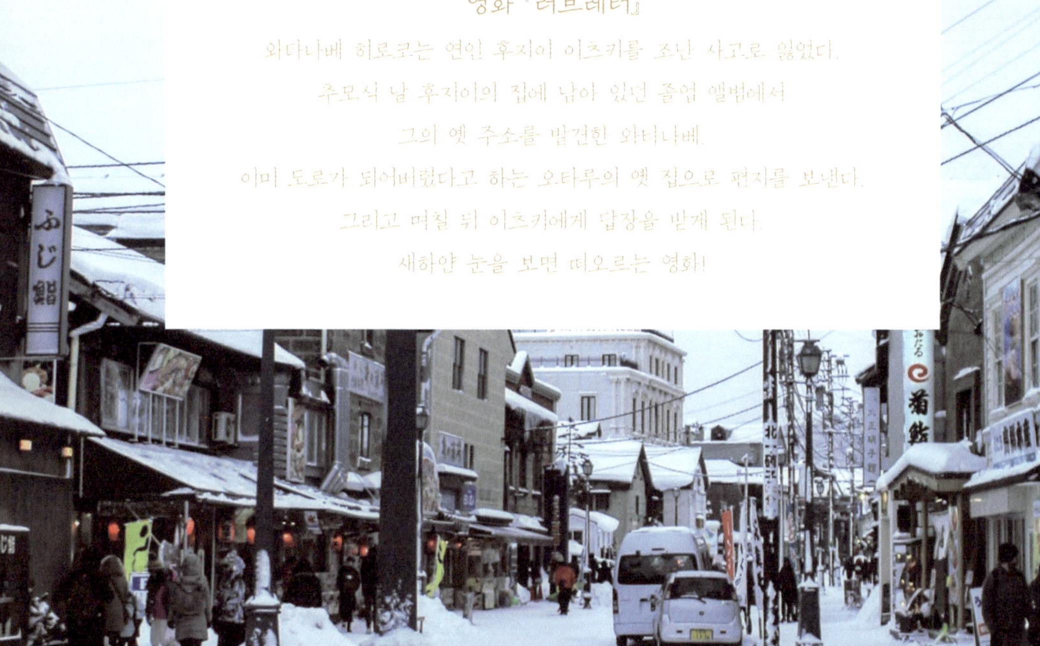

37

우린 잘 지내고 있어요

영화 『러브레터』
와타나베 히로코는 연인 후지이 이츠키를 조난 사고로 잃었다.
추모식 날 후지이의 집에 남아 있던 졸업 앨범에서
그의 옛 주소를 발견한 와타나베.
이미 도로가 되어버렸다고 하는 오타루의 옛 집으로 편지를 보낸다.
그리고 며칠 뒤 이츠키에게 답장을 받게 된다.
새하얀 눈을 보면 떠오르는 영화!

오타루에 가면 많은 여행객들이 허공에 대고 소리친다.

"오겡키데스까(잘 지내고 있나요)?"

"와타시와 겡기데쓰(나는 잘 지내고 있어요)."

하지만 이 아름다운 외침은 사실 오타루에서 들릴 리 없다. 장면이 촬영된 곳은 나가노현에 있는 야쓰가타케 목장이라고 한다. 어찌 됐든. 내가 오타루에서 결혼식을 올릴 예정이라고 알렸더니, 대부분의 사람들이 엇비슷한 반응을 보였다.

"오타루? 오겡끼데쓰까?"

"오겡끼데쓰까 찍냐?"

어떤 사람은 비아냥거리는 말투였고, 어떤 사람은 신기하다는 듯이 말했지만, 중요한 건 대부분 '오겡키데쓰까'라는 일본어를 내뱉었다는 사실이었다. 생각했던 것보다 많은 사람들이 영화 『러브레터』를 보았고, 오타루란 지명에서 같은 것을 떠올린다는 사실이 놀라웠다. 우린 영화처럼 눈이 소복이 쌓인 오타루에서의 결혼식을 꿈꿨다. 나는 오타루로 떠나기 전에 『러브레터』를 몇 번이고 다시 보았다. 결혼식을 오타루에서 하기로 정해는 놓았으나, 정작 주인공인 신랑신부가 오타루에 가본 적이 없었기 때문에 영상으로나마 마을을 익혔다. 식을 앞둔 한 달 전부터는 매일 아침 우리 동네 날씨보다 오타루의 날씨를 먼저 챙겼고, 결혼식 날 오타루에 눈이 안 오면 어쩌지 전전긍긍했다.

이와이 슌지 감독의 첫 번째 영화 『러브레터』에서는 '후지이 이츠키'라는 이름을 가진 여학생과 남학생이 등장한다. 둘은 같은 반이 되었고, 친구들의 장난으로 도서위원에 나란히 선출된다. 어른이 된 남학생 후지이 이츠키는 와타나베 히로코라는 여성과 사랑에 빠진다. 그리곤 조난 사고로 세상을 떠났다. 후지이를 여전히 잊지 못하고 있는 와타나베는 그의 집에 남아 있던 졸업 앨범에서 그의 옛 주소를 발견하고, 편지를 보낸다. 편지는 같은 이름의 여자 후지이 이츠키의 집으로 배달된다. 얼굴이 닮은 (영화에선 같은 배우가 연기하는) 후지이 이츠키와 와타나베 히로코는 편지를 주고받으며 후지이 이츠키를 추억한다.

두 명의 후지이 이츠키는 오타루에서 삼 년이 채 안 되는 시간을 함께 보냈다. 남자 후지이는 오래전 오타루를 떠났지만, 여자 후지이는 여전히 오타루에 살며 도서관에서 근무하고 있다. 자신을 좋아하는 아키바 시게루의 제안으로 오타루에 가게 된 와타나베 히로코는 간발의 차이로 후지이를 만나지 못한다. 둘은 어느 교차로에서 스쳐 지나가게 되는데……. 오타루 우체국 앞 풍경이 배경에 담겼다. 후지이 이츠키는 자신을 만나러 왔다가 그냥 떠난다는 와

타나베 히로코의 편지를 읽은 후 답장을 써서 작은 우체통에 넣었다. 우체통은 몇 발자국 떨어진 자리로 옮겨져 있었다. 우린 일부러 이곳을 찾아간 것이 아니었다. 호텔에서 운하까지 가는 길에 우연히 만났다. 지나가지 않으려 해도 지나갈 수밖에 없는 오타루는 작은 도시였다.

인구 12만 명 정도가 살고 있는 오타루는 운하가 유명한 데서 알 수 있듯 항구로 번영했다. 지금은 다른 도시의 항구가 커지고, 홋카이도의 중심도시도 가까이에 공항이 있는 삿포로로 바뀌었다. 때문에 인구도 많이 줄었고 침체되었다고는 하나, 여전히 운하는 오타루의 명소다. 이 운하가 오타루에 적지 않은 활기를 불어넣고 있는 것이다.

나의 걱정이 무색하게도 결혼식 전날, 당일, 다음날까지 총 사흘 내내 눈이 내렸다. 오타루는 그야말로 눈의 나라였다. 결혼식 전날 부모님과 신랑과 나는 작은 렌터카를 타고 조심조심 눈길을 기어가야 했기 때문에 밤이 늦어서야 오타루에 도착했다. 두텁게 쌓인 하얀 눈 위에 주황빛 가로등이 내려앉아 있었다. 눈을 만난 강아지 같던 우리 모습을 엄마가 카메라에 담아주었다. 둘째 날엔 허리까지 쌓인 눈에 파묻혀 눈만큼이나 하얀 웨딩드레스와 턱시도를 입고 사진을 찍었다. 운하 사진을 찍던 관광객들이 카메라 방향을 틀어 우리를 담기 시작했다. 셋째 날엔 여전히 그치지 않던 눈을 꾹꾹 밟으며 드디어 오타루 여행을 시작했다.

이틀 내내 결혼식 준비에, 결혼식 행사를 치르느라 도시를 제대로 구경하지 못했기 때문에 나는 오타루가 마냥 시골인 줄 알고 있었다. 그러나 오타루의 대표명소 오르골당에 가보니 인파가 대단했다. 관광객이 오르골 종류만큼이나 많았다. 커다란 가방이나 아이들의 부주의로 오르골이 깨지는 장면을 두 번이나 목격했다. 나는 모든 소음을 흡수해버릴 것만 같은 깊은 눈에 둘러싸여 주인공의 숨소리만이 들려오던 영화를 보면서 오타루에 대한 환상을 키웠다. 그런데 나의 환상이 오르골 깨지는 소리와 함께 와르르 깨져버렸다. 난리라도 난 것 같은 북새통이라니! 북적임을 더는 견딜 수 없어 오르골당을 빠져나와 오타루역 근처로 걸어갔다. 영화 『러브레터』의 첫 장면에 등장한 오타루의 모습을 보러 가기 위해서.

> "
>
> 나는 아직 온기가 남아 있는 침대에 파고들어가 다시 잠을 청하여 자고,
> 늦은 아침 식사 후에는 거실에서 세 번째 잠을 즐겼다.
> 그 기분 좋은 잠을 방해한 것은 집배원의 고물 오토바이 소리였다.
>
> "

후나미자카라는 언덕은 영화 속에서 후지이 이츠키에게 관심을 보이는 우체부가 오토바이를 타고 이츠키의 집으로 향하는 길이다. 꽤 가파른 언덕이었다. 열선이 깔린 길은 눈이 깨끗하게 녹아 있었고, 하얀 눈은 열선이 없는 땅을 찾아 잔뜩 내려앉아 있었다. 언덕 풍경은 영화 장면과 똑같았고, 한가득 쌓

인 눈이 주변을 더욱 고요하게 만들었기에 영화 속 분위기에 흠뻑 빠져들 수 있었다.

여행을 다녀와서 한참 뒤. 오타루에서 소포가 하나 왔다. 결혼식 사진과 동영상이 담긴 CD가 들어 있었다. 나는 와타나베의 부탁을 받아 후지이가 달리던 운동장 모습을 카메라에 담아 보내준 영화 속 후지이처럼 오타루의 웨딩 담당자에게 메일을 띄웠다.

"우린 잘 지내고 있어요."

Info

삿포로에서 오타루까지는 기차로 한 시간 정도 소요된다. 도시가 크지 않아 이틀 정도면 주요 명소는 대부분 돌아볼 수 있다. 저녁이면 가스등이 켜져 운하의 야경이 볼 만하다. 아기자기한 오르골이 많은 오르골당도 인기가 좋다. 치즈케이크로 유명한 르타오도 오타루에서 탄생했다.

38

중국 | 베이징 | 대관원

책 밖으로 나온 홍루몽

소설 『홍루몽』
가보옥은 당대 최고의 귀족 집안에서 태어나 귀공자로 성장한다.
그는 임대옥을 사랑하지만, 몸이 약한 대옥과의 결혼은
집안의 반대로 무산된다. 할 수 없이 대옥 대신 설보차와
결혼을 하게 된 보옥은 병을 앓다가 어느 날 자취를 감춰버린다.
'붉은 누각의 꿈'이란 뜻의 홍루몽.
책을 덮고 나면 꿈을 꾸고 일어난 듯 허망해진다.

중국의 4대 명저 중 하나인『홍루몽』. 청나라 때 작가 조설근이 쓴 이 소설은 중국 근대소설의 문을 연 작품이기도 하다. 조설근은 증조부, 조부 때 황실의 신임을 얻어 크게 번성한 난징 귀족의 자제였다. 그의 증조모는 청나라 황제 강희제의 유모였고, 조부는 황실에서 사용하는 직물 제조소의 우두머리인 '강녕직조'라는 벼슬을 지냈다. 그러나 조설근의 아버지가 일찍 세상을 떠나고, 숙부가 대를 이으면서, 또 황제가 강희제에서 옹정제로 바뀌며 가세가 심하게 기울었다. 옹정제는 당시 세도가들을 척결하는 데 힘썼는데, 조설근의 집안도 그 대상이 되었다고 한다. 조설근은 결국 베이징으로 이사를 하여, 그곳에서 글을 짓고 그림도 그리며 가난한 삶을 이어갔다.

『홍루몽』은 조설근의 자전적 소설이라고 할 수 있다. 소설의 배경은 난징의 세도가 가씨 집안 대저택. 가씨 집안의 장자인 가보옥과 그가 사랑하는 사촌누이 임대옥이 있다. 그러나 대옥이 몸이 약하다는 이유로 집안 어른들은 둘의 결혼을 반대한다. 대옥과 보옥의 사랑은 이뤄지지 못하고, 보옥은 다른 사촌누이인 설보차와 결혼을 하게 된다. 대옥은 보옥과 보차의 결혼식 날 세상을 떠난다. 이후 가씨 집안은 운이 쇠하여 가세가 기울고, 좋지 않은 일들이 속출한다. 보옥은 인생의 허무함을 깨닫고 속세를 떠난다.

소설 속 등장인물만 500명에 달하는데, 한 명 한 명의 캐릭터 묘사가 치밀하고 생생하다. 인물 묘사만큼이나 가씨 집안 저택을 배경으로 한 당시 세도가의 삶과 문화에 대한 스케치도 빼어나다. 책을 읽는 내내 나의 머릿속은 화려한 상상들로 가득했다.

『홍루몽』을 연구하는 '홍학' 연구자들이 모여, 작품 속 건축을 그대로 구현해둔 곳이 베이징에 있다고 하여 찾아가 보기로 했다. 1984년 드라마『홍루몽』의 세트장으로도 사용된 베이징의 대관원. 꽤나 큰 정원이었다. 보옥의 친누나인 가원춘은 귀비가 되어, 궁으로 들어가고 현덕비에 봉해진다. 가씨 집안에서는 막대한 비용을 들여 현덕비의 친정 나들이 때 쓸 정원을 만드는데, 그 정원이 바로 대관원인 것이다.

늦은 오후에 찾아간 덕분인지, 아니면 이곳은 원래 찾아가는 사람이 적은지, 베이징답지 않은 한적함이 반가웠다. 드라마 촬영이 끝나고 1986년에 문화명소로 정식 오픈했다고 한다. 여행책자에는 연못의 위치, 식물의 종류까지도 소설 내용과 일치하도록 신경을 썼다고 쓰여 있었는데, 나는 '홍루몽을 읽었는데도 어디가 어딘지 하나도 모르겠다'는 조급증과 압박감에 시달렸다. 그런 내 모습을 보며, 동행한 친구가 한 마디 했다.

"대왕세종이나 용의 눈물 같은 사극 챙겨봤어도, 경복궁에 가면 어디가 어딘지 전혀 모르지 않아? 하물며 중국인데 책으로 읽고 어떻게 알아보겠어?"

고개를 끄덕끄덕. 욕심을 내려놓자, 어디가 어딘지 모른 채로도 마음 편히 정원 산책을 즐길 수 있었다. 초록빛 나무들과 붉은 건물들이 대비되어 강렬한 인상을 주고, 연못 위에 놓인 회랑도 운치가 있었다. 물론 소설에서처럼 정원 주위를 산이 시원시원하게 둘러싸고 있지는 않았다. 현재는 딱딱한 건물들이 빙 둘러싸고 있었다. 홍루몽 속 인물들의 복장을 입어보거나, 그 복장을 한 할머니와 같이 사진을 찍을 수도 있었다. 옷을 갈아입기 번거로운 나는 소설 안으로 빨려 들어간 듯한 다른 사람들의 모습을 구경하는 것으로 만족했다. 문을 닫을 때가 다가와 출구를 향해 걸었다. 출구 곁 정자엔 할아버지들이 걸터앉아 더위를 식히고 있었다. 현실 세계 같지 않은 아름다운 곳으로 묘사된 대관원. 나는 소설의 분위기와 한참 동떨어진 현실적인 풍경을 바라보며 현실 세계로 빠져나갔다.

소설을 읽으면서 머릿속에 그렸던 화려한 모습에 비해선 턱없이 부족한 배경일지도 모르겠다. 수려한 글을 공간에 옮겨 담는다는 일이란 굉장히 어려운 일이겠지. 하지만 짧은 시간이나마 세도가가 된 듯, 이 넓은 공간이 마치 나의 저택인 양, 어슬렁어슬렁 걸으며 상상의 나래를 펼치는 일은 꽤 즐거웠다. 어릴 때 자주 하던 상상 속 한 장면처럼.

Info

대관원은 가까이에 지하철역이 없어서 버스를 타고 간다. 그렇지 않으면 비교적 큰 역인 베이징남역에서 택시를 타면 된다. 15분 정도 소요된다.

:: 홈페이지 : www.bjdgy.com

39

일본 | 도쿄 | 산겐자야

고양이와 함께 하기 좋은 날에 산겐자야를 걷다

드라마 『빵과 수프, 고양이와 함께 하기 좋은 날』
배네랑 편집자 아키코는 갑자기 경리부로 발령이 나고
비슷한 시기에 함께 살던 엄마가 세상을 떠난다.
아키코는 회사에 사표를 제출하고 엄마가 운영하던
식당을 리모델링해서 가게를 오픈하기로 한다.
듬뿍 쏟아지는 따스한 햇살에 여유로운 분위기가 좋다.

이직을 하고 출퇴근이 어려워진 나는 한때 회사 근처에 오피스텔을 얻어 생활했다. 혼자 하는 식사가 많아지자 드라마를 틀어놓고 밥을 먹는 습관이 생겼다. 어색하고 심심한 식사시간이니 식욕을 돋아주는 영상이 필요했다. 그때 자주 선택한 게 일본 드라마 『빵과 수프, 고양이와 함께 하기 좋은 날』이었다. 하도 많이 봐서 언제인가부터는 밥을 먹다가도 다음 대사를 받아칠 정도가 되어버렸다.

드라마의 주인공 아키코는 출판사를 다니고, 그녀의 엄마는 식당을 운영한다. 그러던 어느 날 엄마가 갑작스레 세상을 떠났다. 동네 아저씨들이 편하게 모여들어 술을 마시고 수다를 떨던 엄마의 식당도 문을 닫아야 했다. 갑자기 경리부로 발령이 난 베테랑 편집자 아키코는 과감히 사표를 내고 엄마의 식당을 개조하여 가게를 열기로 한다. 메뉴는 샌드위치와 수프뿐. 가게 일을 도와주는 아르바이트생 시마짱, 건너편에서 '해피'란 찻집을 운영하는 마마, 그리고 길고양이 타로가 함께 한다.

특별한 사건 없이 손님들이 오가고 맛있는 요리가 등장하는 드라마다. 이미 외울 정도도 많이 보았음에도 매번 볼 때마다 샌드위치가 먹고 싶어진다.

그래서 드라마에 등장하는 샌드위치와 수프를 만들어 먹어보기도 했다. 혹시 원작소설에는 구체적인 레시피가 들어있지 않을까 궁금해서 책을 사와 읽어보기도 했다. 그러나 책엔 의외로 음식 묘사가 자세하지 않았다. 대신 아키코의 속마음, 고양이 타로 이야기가 더 세밀하게 적혀 있었다.

책까지 다 읽고 나니 드라마『빵과 수프, 고양이와 함께 하기 좋은 날』의 배경이 된 카페를 가보고 싶은 욕심이 생겼다. 마침 도쿄에서 반나절의 여유가 생겨 산겐자야로 향했다. '산차'라는 애칭으로 불리는 산겐자야는 도쿄에서 사랑받는 주거지 중 하나라고 한다. 평일 오후. 드라마 분위기만큼이나 여유롭고 부드러운 분위기의 동네였다. 아이를 유모차에 태우고 어디론가 향하고 있는 엄마, 캐리어를 지팡이 대신 삼아 느릿느릿 걷는 할머니가 있었다. 기품 있는 옛 주택이 보였고, 세련된 신축 건물도 섞여 있었다.

엄마 가게의 단골손님이었던 스다와 야마다는 각각 과자가게와 꽃집을 운영하기 때문에 마을을 걸으며 만난 과자가게, 꽃집은 더욱 반가웠다. 따스한 햇살이 동네 구석구석에 스며들어 있어, 나는 걷고 있으면서도 눈꺼풀이 무거워졌다.

쏟아지던 졸음을 겨우 참으며 가게에 도착했지만, 아쉽게도 휴일이었다. 나는 사전에 준비를 제대로 해가지 않는 것도 문제이지만, 가게 영업일 운이 유독 좋지 않다. 차로 두세 시간을 달려 찾아갔는데, '직원 야유회로 오전만 영업을 한다'는 안내가 붙어있다든지, 단체 예약으로 식사가 어렵다든지 하는 일을 빈번하게 만난다. 미리 영업일을 알아보고 전화를 걸어서 예약을 하고 가면 되는 일이겠지만 그러면 왠지 가기가 싫어진다. 참으로 번거로운 청개구리다.

처음에는 저녁 7시까지 영업을 할 예정이었는데
그 전에 재료가 떨어져 지금은 오후 5, 6시만 돼도
벌써 문을 닫아야 하는 상황도 종종 발생했다.
"들여오는 식재료의 양을 늘려야 할까요?"
시마 씨가 그렇게 물었지만,
둘이서 꾸려 나가기에는 지금도 무척 벅찼다.

주인공 아키코가 여전히 운영 중이라면 나는 몇 번이고 헛걸음을 했을 것이다. 아키코는 건너편 찻집 주인의 잔소리에도 아랑곳하지 않고 준비한 재료가 떨어지면 가게 문을 닫는다. 자신이 할 수 있는 범위 내의 메뉴와 식사만을 준비한다. 아르바이트생 시마짱이 다쳐서 출근을 하지 못하면 며칠 휴무에 들어가기까지 한다. 계산하지 않는 주인이 있는 곳에, 계산하지 않고 찾아가는 손님. 온통 셈이 빠른 사람들만 보다가 계산에 서투른 사람들을 만나면 나도 모르게 마음이 편안해진다. 그래서 유독 이 작품을 좋아했는지 모르겠다.

『빵과 수프, 고양이와 함께 하기 좋은 날』의 배경이 된 카페는 화요일, 수요일, 일요일에 쉰다고 적혀 있었다. 찾아간 날은 화요일이었기 때문에 다음 날 왔어도 가게 문은 닫혀 있었을 것이란 사실에 덜 억울해하기로 했다. 드라마 속에선 커피를 팔지 않던 가게는 현재 도너츠, 베이글, 커피가 주 메뉴인 카페가 되었다고 한다. '올루올루'란 간판을 달고.

건너편에는 마마의 찻집 '해피'도 외형을 그대로 하여 남아 있었다. 이곳은 가게로 쓰이진 않는 듯했다. 한참을 어슬렁어슬렁 거리다보니 궁금해졌다. '감독은 이곳을 어떻게 발견했을까.' 실제로 주변은 많이 낡아 있었고, 앵글에 따라서 드라마 분위기와 전혀 어울리지 않는 것들이 프레임 안에 들어와버릴 것 같았다.

동네를 그냥 떠나긴 아쉬워 맛있는 커피향이 나는 카페에 들어갔다.

　　카페 안쪽 자리엔 동네 주민인 듯한 할아버지, 할머니들이 혼자 혹은 두 셋이 모여 빵과 커피를 즐기고 있었다. 카메라를 들고 여행객의 행세를 한 내 모습이 마실 풍경을 해치는 것 같아 문가에 눈에 띄지 않게 앉았다. 주문한 커피는 새콤한 맛이 났고 굉장히 진했다. 마을의 여유로운 분위기에 갈수록 노곤해지던 시간. 반가운 농도였다.

Info

카페 '올루올루'는 쇼인진자마에역에서 걸어서 1분 거리에 있다. 그러나 산겐자야 마을을 구경하고 싶다면 산겐자야역에서 내려 20분 정도 걸어도 좋다. 근처에 같은 이름의 카페가 하나 더 있어 주의해야 한다.

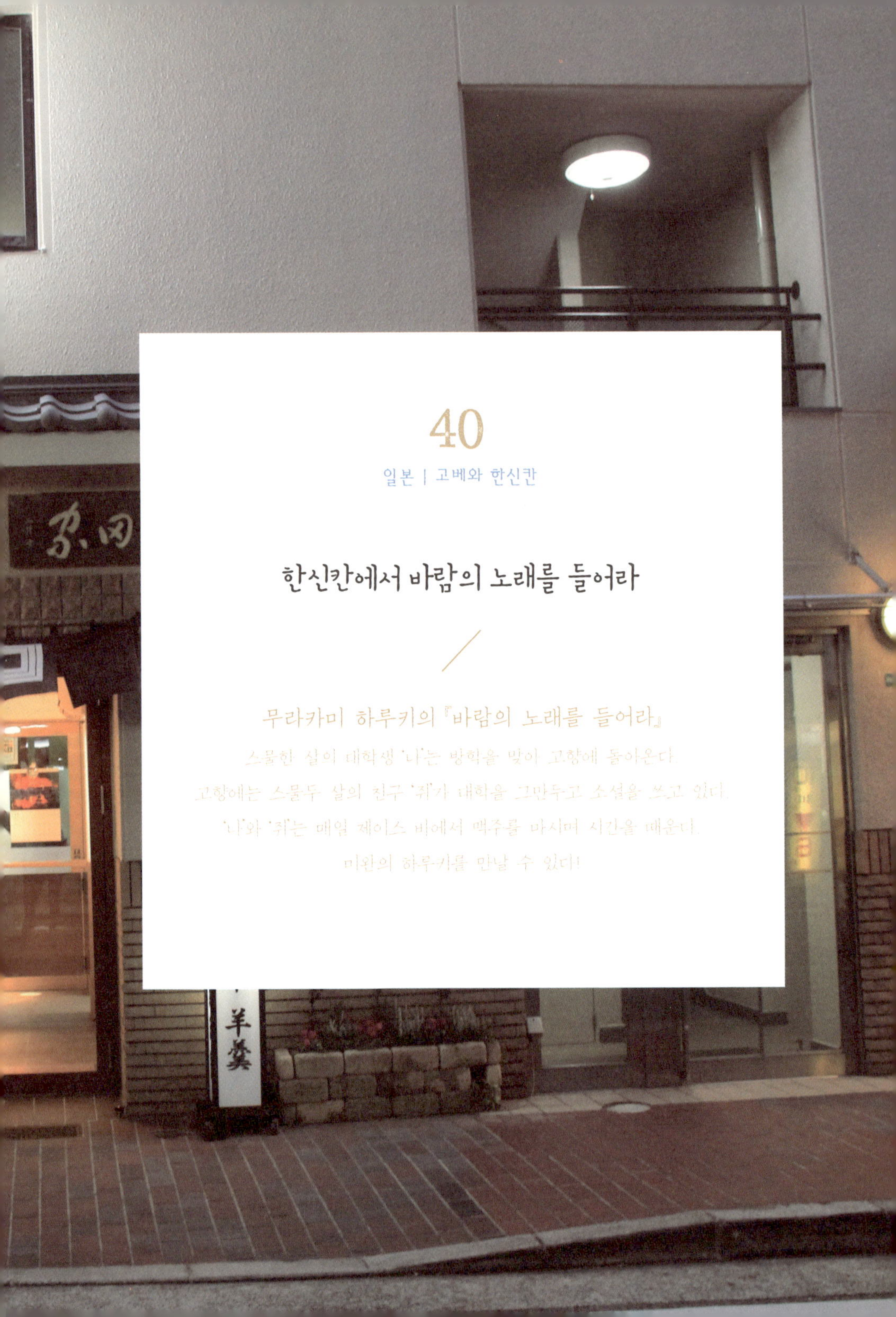

한신칸에서 바람의 노래를 들어라

무라카미 하루키의 『바람의 노래를 들어라』
스물한 살의 대학생 '나'는 방학을 맞아 고향에 돌아온다.
고향에는 스물두 살의 친구 '쥐'가 대학을 그만두고 소설을 쓰고 있다.
'나'와 '쥐'는 매일 제이스 바에서 맥주를 마시며 시간을 때운다.
미완의 하루키를 만날 수 있다!

소설『바람의 노래를 들어라』는 재즈바 피터캣을 운영하던 무라카미 하루키가 소설가로서의 삶을 시작하게 된 작품이다. 하루키는 이 소설로 군조 신인상을 수상하며 1979년에 등단했다. 나는『바람의 노래를 들어라』를 처음 읽고, '군데군데 코가 빠진 목도리' 같단 느낌을 받았다. 소설을 읽었다기보다는 사진앨범을 한 장 한 장 넘긴 것 같은 기분이 들었다.

『바람의 노래를 들어라』의 주인공은 도쿄에서 대학을 다니고 있는 21살의 '나'이다. 시간적 배경은 1970년 8월 8일에서 8월 26일까지. '나'는 방학을 맞이하여 항구도시인 고향으로 돌아오고, '쥐'라는 별명을 가진 친구와 매일같이 맥주를 마시며 시간을 보내다가 새끼손가락이 없는 여자를 우연히 만난다.

무라카미 하루키는 '한신칸'이란 곳에서 어린 시절을 보냈다. 고베와 오사카 사이 지역을 한신칸이라 부른다. 『바람의 노래를 들어라』에는 구체적인 지명이 등장하진 않지만, 하루키는 첫 작품인 만큼 자신에게 친숙한 장소를 배경으로 소설을 썼다. 고베와 한신칸이다. 그리고 2년 뒤에 이 소설은 영화화되었고, 고베, 한신칸 일대에서 촬영이 진행되었다.

나는 하루키를 좋아하는 감정도 크지만, 그를 부러워하는 마음이 더 크다. '그가 어린 시절을 보낸 장소는 어떤 아우라를 뿜어내고 있을까?' 질투와 부러움이 더해진 궁금함 때문에 떠난 여행이었다. 결론부터 말하면 한신칸 여행은 근사했다. 나는 일 년간 요코하마에서 지냈던 적이 있어서 이 일대도 비슷할 것이라 지레 짐작했다. 두 곳 모두 도쿄와 오사카, 큰 도시를 곁에 두고 있으며, 항구가 있고 차이나타운이 있으니까. 그러나 요코하마보다 훨씬 차분하고 고풍스러움이 있었다.

한 사람의 전형적인 '한신칸 소년'이 다시 태어나게 된 것이다.
당시의 한신칸은—물론 지금도 그럴지도 모르지만—
소년기에서 청년기를 보내기에는 썩 좋은 장소였다.
조용하고 한가하며 어딘지 모르게 자유로운 분위기가 배어나고 있었다.

오사카에 도착하자마자 짐을 푼 나는 라멘집에 들어가 배를 채우고 고베로 향했다. 오후 네 시가 다 되어 출발. 강 위에 서서히 내려앉기 시작한 석양은 고베 쪽으로 차츰차츰 저물어 갔다. 고베는 오사카의 서쪽에 있다. 오렌지빛 풍경이 너무나 아름다워 전차에서 잠시 내리고 싶어졌다. 다음 역은 마침 '슈쿠가와'였다. 하루키는 교토에서 태어나자마자 슈쿠가와로 이사를 갔다.

슈쿠가와역에 내리니, 역 앞에서 모금활동을 하고 있는 학생들과, 잡지 빅이슈를 팔고 있는 아저씨, 나들이를 다녀온 듯한 가족들의 모습이 눈에 들어왔다. 마을에 들어가, 미용실 의자에 누워 있는 아주머니의 발도 구경했다. 토요일 저녁 시간이었다. '오늘 하루도 끝나가는구나' 하는 아쉬움과 주말의 행복함이 동시에 전해오던 그날, 나는 강을 따라 하염없이 걸었다.

영화 『바람의 노래를 들어라』는 주인공이 배경음악 캘리포니아 걸스에 맞춰 경쾌하게 걷는 장면에서부터 시작한다. 그는 항구에서부터 걸어 모토마치 상점가 레코드숍에 들어가는데, 소설 속의 '나'도 항구 근처를 거닐다가 눈에 띈 레코드 가게에 들어간다. 그곳에서 일주일 전 바에 쓰러져 있던 여자를 우연히 만난다.

"

"어떻게 여기서 일하고 있는 걸 알아냈지?"
그녀는 체념한 듯이 그렇게 물었다.
"우연이야. 레코드를 사러 온 거라구."
"어떤 레코드?"
"〈캘리포니아 걸스〉가 들어 있는 비치 보이스의 LP."

"

나는 슈큐가와에서 다시 전차를 타고 산노미야역에서 내려, 영화『바람
의 노래를 들어라』 속 주인공과는 반대로 모토마치 상점가를 거쳐 고베 항구

의 밤을 향해 걸어갔다. 상점가는 활기찼고, 항구는 화려하지만 사치스럽지 않은 풍경이었다. 항구를 방문하는 사람들은 고베포트타워에 올라가보기도 하고, 항구에 즐비한 식당 중 하나에 들어가 식사를 하는 것 같았지만, 내가 저녁 식사를 하고 싶은 식당은 따로 있었다.

주문하는 피자마다 번호를 매겨주는 피자집 피노키오. 하루키도 고베 여행 중 이곳을 방문하였고, 여행기엔 여자친구와 몇 번인가 가서 차가운 맥주를 마시고 번호가 딸린 피자를 먹었던 기억이 있다고 적었다. '하루키도 맛본 그 피자를 먹으러 간다'는 기대에 부풀어 한참을 걸어서 피자집에 도착했다. 여러 방면에서 유명한 가게인 줄은 알았지만, 나는 줄조차 서보지 못하고 쫓겨나고 말았다. 종업원은 예약이 이미 꽉 찼고 기다려도 자리가 나지 않을 것 같다며 돌아가는 게 좋겠다고 했다. '구석에 비어 있는 자리에 앉을 순 없는지' 묻자, '예약석이라 내줄 수 없다'고 했다.

슬쩍 들여다본 가게 안은 크리스마스 이브의 저녁을 닮아 있었다. 사람들이 삼삼오오 모여 대화를 주고받으며 피자를 기다리고 있었다. 누구도 쉽게 자리를 뜰 것 같지 않은 분위기였다. 허망하게 발걸음을 돌렸다. 하루키는 피노키오 레스토랑에서 헤밍웨이의 『해는 다시 떠오른다』를 읽었다. 나도 고베 여행에 같은 책을 챙겨 왔다. 『해는 다시 떠오른다』에는 전쟁 후 성불구가 된 주인공 제이크와 그의 연인이었던 브렛, 마이크와 콘 등 젊은이들이 등장한다. 주인공들

은 매일 저녁 파리의 술집과 카페를 전전하면서 술을 마시고 헛헛한 나날을 보

낸다. 이들의 모습이 『바람의 노래를 들어라』 속 '쥐'와 '나'의 모습과도 겹쳐졌다.

하루키는 어디선가 이 작품을 '술을 부르는 소설'이라고 표현하기도 했다. 피자

를 못 먹은 나는 편의점에서 맥주를 잔뜩 사서 숙소로 돌아가 소설을 읽었다.

나에겐 나흘간의 여행 마지막 날 반나절의 시간이 남아 있었다. 어딜 가

볼까 고민하다가 판다가 있다고 하는 동물원에 가보기로 했다. 소설에서는 '쥐'

가 동물원에 가자고 제안하는 데 그치지만, 영화에는 '나'와 '쥐'가 고베 시에 있

는 오지 동물원에서 시간을 보내는 장면이 들어 있다. 판다 '탄탄'이 무기력하

게 퍼져 있었다. 하릴없이 시간을 보내고 있는 나와 탄탄이 '쥐'와 '나'의 모습 같기도 했다. 탄탄 곁에는 원래 '싱싱'이라는 수컷이 있었지만, 2010년에 죽었다고 한다. 다른 판다 친구가 와서 부디 탄탄이 활발해지길 바라며 공항으로 가는 버스를 타러 산노미야역 근처 정류장으로 향했다. 주인공 '나'도 같은 곳에서 버스를 타고 도쿄로 돌아가며 영화 『바람의 노래를 들어라』는 막을 내린다.

Info

고베항구 근처 명소인 메리켄파크에서 모토마치 상점가까지는 걸어서 10분, 피자집 피노키오까지는 약 20분 정도 소요된다. 피노키오는 미리 예약해서 가는 것이 좋다. 오지 동물원은 한큐선 오지코엔역에서 내려 도보로 약 5분 정도 거리에 위치해 있다.